跟着酒庄主人
品酒趣

从深入酒乡阿尔萨斯认识葡萄开始，
到能够选出最适合自己的一瓶酒。

玛琳达　黄素玉　著

辽宁科学技术出版社
·沈阳·

故乡的葡萄酒，
是一辈子的记忆！

法国食品协会东南亚暨台湾区执行长／德博雷

　　这优雅细长的瓶身是葡萄酒中最迷人的符号，瓶中澈亮的金黄色液体散发出的花果气息独特唯一——这是来自我家乡法国阿尔萨斯的葡萄酒。这如童话世界般的酒乡城镇，有丰富的物产及美丽的景色，然而长年旅居国外的我已离家好久、好远，本书中的每一张照片都能让我忆起童年时在阿尔萨斯的点点滴滴。

　　我虽然没见过玛琳达，但她的故事的确不可思议。也许是阿尔萨斯葡萄酒太醉人了，让一个台湾记者放下一切，到阿尔萨斯当一个酿酒农，将她、Ben及在阿尔萨斯土地上奋斗的一切写成文字，带回给读者们。书中一页页的故事是当地人的生活写照，也是我童年深不可灭的记忆。

　　我很庆幸在法国食品协会工作，让我可以为我故乡的佳酿宣传代言，也很高兴可以在这里告诉你：不要错过玛琳达的书，更不要错过通过她的文字来认识我的故乡——阿尔萨斯。

那年夏天，我们都在阿尔萨斯

时报周刊副总编辑／陈睦琳

玛琳达是个闻到酒味即醺然欲醉、浅尝一口即头痛欲裂的女生。为了爱，她远赴法国、栖身农园，不仅放弃记者的职业日日洗手做羹汤，挽起袖子下田种葡萄、蹲在酒窖装瓶，也到学校学习在盲饮中喝出不同的年份、风土与美好的葡萄酒滋味。

而素玉，早在二十年前法国红酒刚被引进台湾时，她就因为工作认识了葡萄酒，并开始喝葡萄酒，她的味蕾丝毫不输给任何一个品酒达人，但她多年来始终坚持的品酒态度是：心情对了、时间对了、地方对了，尤其是人也对了，这葡萄酒喝起来就是最对的。

2000年的夏天，因为一个要到欧洲采访的旅行计划，我们三个女生开着租来的车子，从法国的西南往东北行驶，长达一个多月的旅行，让我们忘不了普罗旺斯的阳光、罗亚尔河的悠悠岁月，以及阿尔萨斯酒乡微醺的气味……结束采访回到台湾后不禁相约：找个假期再次结伴，不为工作，只是旅行。

这些年，虽然不乏有结伴出游的机会，但始终凑不齐原班人马，十年前的约定犹在耳边，玛琳达已飘洋过海定居阿尔萨斯两年多，白天拿着剪刀走进葡萄园剪枝，晚上打开电脑一字一句敲下她酿酒的点滴心得；而素玉在台北愉悦地呼朋引伴，坚持她的品酒哲学与另类感官之旅。这次，她们两人决意合写一本关于葡萄酒的书，这一次，说什么我也不能缺席了。仅以此文重回那年夏天，三个女生横冲直撞地穿越大半个法国，恣意享受工作和工作以外的美好时光。

品酒，
品一个正在写、正在酿的故事

NOWNEWS 新闻总编辑／蔡庆辉

当你说你要飞去很远很远的地方，跟着他，我皱了一下眉头。这姑娘一向爱挑战，连爱情也不例外。还好有 msn、脸书（facebook）……让阿尔萨斯跟台湾没有距离，而我所等着的你的酒香，你用文字把它更深刻地描绘出来，让台湾的老友们品尝你与他的故事。

这故事，在春天初冒嫩芽，夏天开花结果，秋天结实串累，冬天叶落枝枯，熬过寒霜后，再等待来春。

这故事，你远离家园去了葡萄园，抛弃友情追求爱情，放掉牵绊再让他在你的心上套上枷锁，让你甘愿从一个大家闺秀变成葡萄园里摘葡萄的农妇，甘愿守着那一株株葡萄藤、一桶桶佳酿。一杯酒，可以喝出好多种味道，酸甜或苦涩，果香加上太妃糖的味道，那是理性的生理反应；也可以喝出森林或海洋的气息，喝出少女或恋人的体香，喝出一见如故的默契，喝出换帖莫逆的年份，那是感性的心理图像。

你的故事，在你跟他酿的酒里，有一种勇气，有一种豁然，有一种吸引，有一种苦涩。喝你跟他酿的酒，有一种云雾，有一种开阔，有一种魅惑，有一种不舍。我喝你跟他酿的酒，是在用舌头听一个故事。

而你这本书，写的不是红酒，写的是你用青春去换的酒红，用爱去酿制的故事。

记者与酒农，
用一万多公里的爱情酿成酒

Domaine BOHN 酒庄主人 / Bernard（Ben）

尽管相隔一万多公里，我和你之间却已跨越那些有形的地理、社会和文化藩篱。尽管如此远距离的恋情非比寻常，那股吸引力却把你我紧紧拴牢。

就如酒农的双足深植于他的葡萄园里方能开花结果一样，爱情亦该深耕，于是，玛琳达，我亲爱的你，就这么来到了阿尔萨斯，和我一起生活。

这是多大的转变？还记得你带来的行李箱里装满了各种泡面、台湾特产，外加笔记本电脑、相机和观光签证，留在家乡带不来的那一大部分，我则尽力为你填满。

记者和酒农，可以说是剧本或书籍的好题材，于是，你用笔杆和相机记录了下来。当你告诉我你的构想时，我也很高兴，不是因为这本书提到了我们或我的酒庄，而是因为埋首于修剪葡萄藤之余，你还能够从事你最热爱的写作和摄影。

自诩为美食家和稍稍涉猎中式菜肴的我，认为美酒就如美食一般，需要细细品味，方能真正感受葡萄酒的精髓。所以，我也希望借由本书，能让葡萄酒迷们了解，炎热夏天里，品尝一杯清凉、果香味浓郁的白酒，是多么地愉悦，更能为炙热台湾带来一股清新舒爽的氛围。

最后送给大家一句我们常用的敬酒词：Sant Bonheur（祝健康快乐）！

因为爱，来到酒乡，
欢迎进入葡萄酒世界！

文／玛琳达

　　你那边是台北深夜，我这里则是阿尔萨斯向晚，你的红酒正醇，我的白酒方酣，尽管天涯海角，为了这一刻的美好，朋友，让我们共同举杯向月对饮吧！

　　转眼间，来到法国阿尔萨斯已两年多了，7月盛夏，有着台北初夏的温暖及炎热，然而入夜后却是清凉如水。看着窗外绿意盎然的葡萄园，葡萄已逐渐长大，对于葡萄酒农来说，一年最忙碌的采收季节马上就要开始了，粒粒饱满、在阳光下晶莹剔透的葡萄，即将离开葡萄藤蔓，榨成汁后汇入大酒桶里，在黑暗中发酵，接着静静地沉睡，数年之后，葡萄蜕变成美酒……

　　在此先声明，我不是葡萄酒专家，亦非品酒达人，侍酒师执照还没见过长什么模样，所以如果你想要借着我认识那浩瀚的葡萄酒专业知识，恐会让你好生失望。两年前，要我谈葡萄酒，我可能只比只知红白两种颜色的芸芸众生好一些，那也只是因工作关系陆续去了世界各地采访有关葡萄酒的报道而已。

酒庄真的都是多金浪漫？

　　葡萄酒代表高尚品位，葡萄园象征浪漫，酒庄主人则是多金悠闲的意象，这些已经随着大众传播而深植于许多人的脑海中。当外界听到我的身份后给予"哇，在葡萄园酒庄当女主人，一定超级浪漫"之类的"羡慕惊呼声"时，我其实有点泄气。但我承认，造成外界对葡萄酒的错误印象，我也是始作俑者之一，昔日无知的我自以为的"妙笔生花"肤浅了葡萄酒的真正涵意。

　　或许正因如此，老天给了我一个"自新"的机会，让我认识了身为酒庄主人的他，进而当起葡萄农妇"下田"种葡萄。在寒冬酷暑的四季里，在风吹日晒雨淋雪飘的日子中，才恍然，每瓶葡萄酒的背后都交织着滴不尽的汗水和数不清的腰酸背痛，而真正优质的葡萄酒更需要许多不足外人道的付出。

不走访酒乡，我就住在酒乡

对大多数人来说，爱上葡萄酒的原因，多脱离不了"酒"本身，而我，却是因为"人"。因为爱上了酒庄主人，就这么远走他乡来到法国阿尔萨斯，栖身于一座仅有 300 人的小村庄。一年多来，也从葡萄酒的门外汉，握着一把打开葡萄酒大门的钥匙，跌跌撞撞地走入了浩瀚的葡萄酒世界。

近两年的日子里，我拿起剪刀、弯下腰在葡萄园里帮忙，在酒窖里装瓶、贴酒标，说着极不流利的法语卖酒，到葡萄酒学校参加盲饮训练。我不是从各式各样尊贵高档的品酒会或一堆印刷精美的专业葡萄酒书籍中认识葡萄酒的，却是以身体力行，通过栽种、照顾、剪枝、收成葡萄及在酿酒、卖酒的过程中爱上葡萄酒。因为我深切体会到，一瓶葡萄酒的背后需要经过怎样的天时、地利、人和条件，以及酒庄主人多大的体力、耐力、毅力、创意和天分，才能将葡萄幻化成一滴滴佳酿，在你我的喉间幻化成舞动的精灵。

用眼、耳、心去感受

论及葡萄酒专业知识，我自是远远不及那些葡萄酒专家，而这本书，也跟那些在我看来深奥难懂的专业葡萄酒书籍无法相比，我们将其定位为葡萄酒入门书，更是借由我的亲身经历，带着读者首先神游葡萄酒乡一番，用眼睛、耳朵和心灵去感受。

最后就像芝麻开门一般，你会发现，原来你已置身于葡萄酒的浩瀚天地间。
而我也要衷心地对你说一声："欢迎来到葡萄酒的世界！"

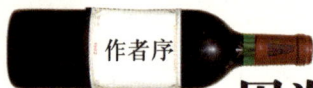

因为工作，结缘葡萄酒；
敞开心胸，迎接葡萄酒的美妙

文／黄素玉

虽然，直到这一刻，我才走到葡萄酒世界的大门口，我的葡萄酒卷轴也才摊开几页而已，但就在这方寸之间，却承载着许多深刻在脑海里的感官印记：汩汩流出的香气、流连在味蕾的余韵、轻触心灵的碰杯声、与好友窝在一起的温暖、欲语还休的某次眼神交流。

每个人都可以为自己的人生下注解，你可以将它视作一幅定格画、一首不断重复的主题曲，有何不可呢？高兴就好！人生当中总有些意外惊喜等在那里，有缘遇见，却选择与它们擦肩而过，只是多少有些可惜罢了。

走进葡萄酒的世界，虽说不是我人生的第一个意外，却是持续至今的惊喜。

因为工作需要，我不知不觉地以葡萄酒为媒介，将感官触角伸进更多元的领域，接收到更丰富的讯息，了解到自己原来拥有这么多的可能性。久而久之，我更发现，以葡萄酒为主题，我的人生定格画已延展成一幅有起承转合情节的卷轴画，而我的人生主题曲也转换成一首又一首更贴近当下情境、更触动心灵的配乐，至今，依然乐音缭绕。

因为葡萄酒，打开人生的另一扇窗

也许人生的风景画，主题不外乎悲欢离合，我庆幸的是有酒为伴，让我在其中领悟到许多事情。

第一课是学习分享：因为大部分酒从开瓶到"醒"至最佳状态需要时间，一个人独自饮完一瓶酒有些勉强，也稍显孤单，所以最好是有知心好友相陪，慢慢地等、慢慢地喝。其间，也许聊聊心事，也许什么都不必说，只是全神贯注于每个轻啜、细品的过程。也不需要用专业的术语、美丽的词藻来联结彼此

的心意，因为同喝一瓶酒的亲密，已然是分享的最佳状态。

第二课是相信自己：因为每个人的味蕾都不一样，别人喜欢的酒、捕捉到的色香味余韵，你不见得感同身受，此时，你必须相信自己的直觉，并有勇气坚持自己的想法。这话说起来很简单，然而在一瓶很名贵的酒和专家面前，在所有人都一致叫好或叫坏时，要独排众议真的叫人为难。当然，你也可能因为自己的状况不好、火候未到而判断错误，但，诚实面对自己喝下每一口酒后的最真实感受，绝对是入门的第一步。错了可以改、功力不够可以再精进，如果一开始就人云亦云，追随着你感觉不到的感觉走，最终只会迷失在其间，永远无法触及这世界最深刻的那一层面。

第三课是挑战自我：因为感官是可以被开发的，对许多事物的鉴赏力也是可以被培养的，所以许多人喜欢四处旅行，而我则是把喝葡萄酒当做另一种感官之旅，为的都是用眼、耳、鼻、舌、身去接触陌生的人、事、物，在"同中求异，异中求同"的寻觅中发掘出各种可能性，借此唤醒、挑战自我在固定模式中逐渐僵化的心灵视野。

老实说，我真的只是葡萄酒世界里的门外汉，只是采访了不少人、读了一堆书、喝了很多年，多少累积了一些心得而已。如果你有兴趣走进葡萄酒的国度，这也许会是你的第一本入门书，因为我和我的朋友玛琳达都觉得：走进葡萄酒世界的第一步，绝非诚惶诚恐地背诵一连串艰涩难懂的专业知识，而是用放松的心态去了解；不必非得买上一瓶知名酒厂的高价酒来开荤，而是用享受的心态去品尝喝进去的每一口酒；不需要做太多事前功课，只要准备好一颗豁达的心，你就拿到一张门票了。

目录 Contents

第一章　阿尔萨斯葡萄园四季VS.台北饮酒乐 *P. 13*

玛琳达在阿尔萨斯，素玉在台北，经过阿尔萨斯四季，在葡萄变成佳酿前，由发芽到结果、采收的四部曲。

第二章　酿酒记VS.阅读记 *P. 61*

酿酒要技术，喝酒靠知识。如何把佳酿里的口感、成熟度、气味芳香，一一用文字叙述出来？且看玛琳达酿酒与黄素玉品酒及阅读的功力，让葡萄美酒的香醇，一一在我们面前展现！

第三章　品酒课VS.品酒会 *P. 89*

玛琳达的品酒课笑话百出，黄素玉的品酒会酒逢知己干杯少，让我们揭开品酒的神秘面纱，带你一起去瞧瞧各地的品酒会有什么迷人之处。

第四章　餐桌哲学 *P. 125*

美酒要配美食！你知道咸酥鸡也可以搭配一瓶白酒？你知道吃海鲜配瓶什么葡萄酒最对味？美酒和美食的"结婚"，会让每一餐都有好滋味！

第五章　购酒经验谈 *P. 157*

非好酒不喝？便宜无好酒？要选旧世界的法国、意大利、西班牙或德国酒，还是新世界的美国、智利、南非或纽澳酒？如果从年份切入，非得要选佳酿年份的酒吗？如果从品种着手，应该选何种葡萄品种？选酒是门大学问，到底该怎么选？

第六章　包装配件篇 *P. 189*

身处于讲究营销包装的时代，要想让消费者一看就爱不释手，许多酒庄不得不在包装上下功夫。日新月异的设计不但创意十足，更是新颖大胆，放在商场的酒海中马上就脱颖而出……选佳酿？选包装？爱品酒的人，你选哪一项？

阿尔萨斯葡萄园四季VS. 台北饮酒乐

你的午后 我的入夜

你在阿尔萨斯

亲身经历葡萄园的春耕、夏长、秋收、冬藏

我在台北

在冷气强、灯光美、气氛佳的聚会里饮酒作乐

玛琳达&黄素玉

用友谊酿成一篇篇风花雪月的恋酒絮语

葡萄园的春夏秋冬
风花雪月酿成的酒 | 玛琳达 | 阿尔萨斯四季篇

做了大半辈子的媒体工作，你知道，我本靠鬻文维生，堪当手无缚鸡之力的"东亚病妇"表率。没想到，来到阿尔萨斯之后，竟"弃文从武"，从"远庖厨"的君子变成"入得厨房，出得厅堂"的家妇，尤有甚者，更当起"下得葡萄园"的一介农妇（超现实梦幻称法为"酒庄女主人"）。没法舞文弄墨，改舞锅弄铲和挥剪舞刀，于是我褪下短裙，换上牛仔裤，放下 LV 和 Gucci，提上菜篮和葡萄桶，带来的几双高跟鞋锁在柜子里，整日足蹬战斗靴或雨靴，最常逛的不再是百货公司或精品店，而是超级市场和农具店。

这的确是我来阿尔萨斯前所始料未及的，不过既来之，则安之，人生本就是有得有失，我甘之如饴（虽然偶有站在朔风野大的葡萄园中"念天地之悠悠，独怆然而涕下"的场景发生），且听我娓娓道来当葡萄酒农妇的亲身经验，更希望借由我在四季葡萄园的所见所闻，让你了解酒农们需要付出怎样的辛苦，才能造就出你我喉中美味的佳酿。

🍁 四季循环不息

一年四季，春夏秋冬，对多数人而言，或许只是感受冷暖的季节更迭罢了，然而，对葡萄藤来说，春夏秋冬却各有截然不同的面貌。春天初冒嫩芽，夏天开花结果，秋天结实串累，冬天叶落枝枯，熬过寒霜后，等待来春。从葡萄的变化，我清楚地看见了大自然的神奇力量，也见到了四季鲜明的变化，我更看见酒农们一刻不得闲地工作着，因为他们得配合葡萄四季的生长速度，进行施肥、锄草、犁土、剪枝和采摘等不同的工作，一年四季，循环不息。

Spring 春耕

"亲爱的S，已是四月底了。我想台北此时早已有了暖意，而这里，或许因在北方，只觉冬夜漫漫，夜凉如冰，春天脚步总是姗姗来迟。直到上个礼拜，当经过家旁葡萄园时，我不经意地看见了葡萄树枝上，开始探出了嫩芽，柔弱地望着这个全新世界，而昨天下午，嫩芽已冒出新叶，我从这新生命中，看见了春天。"

我家幼苗初长成

是的，春天来了！不用梅花、黄莺来报到，我在葡萄园里乍见春意。经过一整个冬季的蛰伏，那从藤枝里冒出的绿叶，就像一段完美的开场白，令人期待后续的精彩演出。这绿叶也像破茧而出、欲振翅高飞的蝴蝶，一旦绽开，吸取天地间养分后即快速成长着，每天都有着令人雀跃的变化，一转眼间，绿意已盎然整座葡萄园。此时，酒农也得跟着葡萄藤的成长速度加快脚步，此刻的葡萄枝叶如新生宝宝般娇嫩，最不经风吹、雨打及蚜虫、霉菌的侵扰，因此要呵护备至。春天雷雨多，为了使其免受突如其来的暴风雨的摧残，酒农得先将冬天种下的幼苗用镂空塑料板一株株"包"起来，另外还得把成千上万的藤蔓一一牢牢地"绑"在支架上，让风雨折枝的可能性降至最低。

夏旅、秋收都取决于葡萄花?

你可曾见过葡萄花?

还记得我和它的初遇,也是因为班。

"来,你仔细看看这枝干上小小的、白白的是什么?"

"是刚长出来的嫩叶吗?看起来颜色比较浅。"

班习惯了我的城市乡巴佬儿思维,倒也不以为意:"这是葡萄花,你用力闻一下,可以闻到很淡的香味!"我有些惊讶,因为除了从未想过葡萄藤也有花之外,更没想到,葡萄花竟是这般白皙精巧、淡雅细致,虽比不上茉莉和桂花幽香扑鼻,但凑近仔细闻闻,仍能嗅出那一缕淡淡的清香,"原来,葡萄花是有香气的"!

对酒农们来说,葡萄花不是附庸风雅的赏物,每年从 6 月初开始,班就要随时察看葡萄花开了没有,待花苞绽放后,班就会掐指一算。算什么呢?原来根据老祖宗们的经验,开花后约 100 天通常为采收期。班也会借此预估采收期,往前推算哪一段时间有空档,可以来趟一年一次的夏季旅行(注 1)。我也才了解,为何我认识他之初问他何时可以去旅行时,他的回答是:"等花开了再说!"

原来,小小一朵白花,却包含着大大的学问。

优雅细致的白色葡萄花。

栽种葡萄新思维

关于耕作和农药的问题是比较容易引起争议的话题。我在阿尔萨斯看到不少酒农采用传统耕作和施肥法，由于葡萄藤特别娇嫩，他们也会喷洒农药和化学肥料，以确保其"病虫不侵"、"百病不生"，让葡萄可以长得"圆润壮实"；此外，他们也习惯犁田整地，使用除草剂去除杂草，以免杂草喧宾夺主，吸取过多土壤养分。于是，葡萄园地面光秃秃一片，寸草不生，就连葡萄叶及葡萄也因喷洒农药而仿若覆盖了白雪。虫害看似尽除了，然而，这些农药覆盖下的葡萄所酿成的酒，让人不敢恭维，班说："喷这么多农药的葡萄，主人自己都不敢吃，何况酿成酒卖给别人？"

尊重自然生态

大自然自有其章法，这种看似整理得"干干净净"的葡萄园，其实不仅威胁了葡萄园里的自然生态，破坏了大自然的和谐，所产的葡萄酒品质也有待商榷。于是，近年来，"自然动力"和"有机"意识渐渐抬头（注2），让人们重新思考人类与大自然的关系，不再用激进手法一味地破坏之。我认识的班虽然不标榜"自然动力"或"有机栽培"，但他总是说："我是以尊重大自然的态度来种植葡萄的。"

班喜欢任由园内各式各样的野花、野草自然生长。

17

为了让葡萄园维持原有的自然生态，班花了很多心力来降低干扰土壤的因素，除了将机械操作的可能性降至最低，在幼苗初长成时期，用天然鸟粪来取代化学肥料（我记得那种呛鼻味道在他身上足足两天散不去）。在连续两个月每隔两周喷洒一次的农药喷洒期，也会遵循安全用药的规则，使用最少的剂量，并且在采收前两个月即停止喷洒。

在班的葡萄园里，犁田整地是绝对不允许的，他不爱使用除草剂，而是任由园内各式各样的野花、野草自然生长（春天，我们常在在园里摘野菜做沙拉吃，既新鲜又美味）。这样，一来不让不好的东西残留在土壤里；二来维持了自然生态的"平衡"，因为每当雨水过多时，花草们可以吸收土壤中过多的水分，借此控制藤蔓及葡萄的生长速度，不让葡萄"虚胖"，只长水分不长甜分，还可以有效避开雨水冲刷土壤造成的"土石流"危机，以免破坏整座葡萄园；三来也可以让花草的香气融入藤蔓中，班常说："多亏了这些花草的存在，给土壤注入更多氧气，活化了里面的各种微生物。"

"葡萄藤蔓能够吸收环绕四周的大自然能量及元素，从而长得更好、更强壮，使其足以靠自己的力量来抵御外界的各种侵害。"这是班深信不疑的信念。

晶莹剔透的葡萄象征丰收季节的到来。

Summer 夏长

"亲爱的S，夏至将至，昼渐长夜渐短，总要等到10点之后，夕阳才不舍地离去，我还记得来法国之前，一位朋友曾送了我一套日本古早偶像剧DVD《阿尔萨斯的晴空下》，看起来让人心神向往。的确，阿尔萨斯夏日的蓝天白云、鸟语花香，大大满足了我那贪婪的感官和相机。然而，置身于此才知个中心酸，烈日当空下，得在毫无遮阴的葡萄园里工作，只能把自己包裹得像澎湖阿婆，简直就像在洗桑拿浴。啊，有时候我真恨阿尔萨斯的蔚蓝晴天！"

为了去芜存菁剪葡萄串

夏天到了，天气越来越热，白昼越来越长，就像被施了魔法的爱丽丝般，那昨日还稚嫩的葡萄园，一夜之间长大，进入"青春期"，并且不断抽高着。在我看来，照顾葡萄园简直要跟培养一名大家闺秀一样严谨。由于葡萄藤太过娇嫩，不但要从小就细心呵护，不让风吹雨打到，还要端正仪容，使其循规蹈矩，不倾不斜，更要在葡萄长大前"去芜存菁"。为了讲求品质，一些酒农会把枝微末节、养分较难到达的"先天不足，后天失调"的葡萄串剪掉，只保留靠近树干附近的精华葡萄串，虽然量少了约一半，但这样"牺牲小我，完成大我"的做法，却能让留下的葡萄吸取更多养分。

为了阳光雨水剪枝拔叶

当葡萄初长成、"女大十八变"时，看着鲜嫩欲滴的果实，令人欣喜。然而，为了防止树干越长越高（和其他葡萄产区相比，阿尔萨斯葡萄藤品种较为高大，通常高约 2 米）、树叶越来越茂盛（若顶端树叶长得太密，不但会阻碍阳光照射下来，还会抢走水分，让集中于中尾段的葡萄得不到充足的阳光和雨水，造成葡萄营养不均衡），而使它们头重脚轻、横生枝节，不但需要剪掉树冠顶端过高、过多的枝干，甚至还得腰斩它们，或者用绳子把它们捆绑固定起来，到了采收前两个星期，更需拔掉葡萄串附近的部分树叶，使其充分受到阳光照射。

"为了限制产量、控制品质，我总是把葡萄枝干剪得很短，另外，我还要花许多心力摘掉一些葡萄叶，让每一颗葡萄都能充分享受到阳光的滋润，收成时，我更是用双手摘下一串串葡萄，否则，怎么会长出我要的好葡萄呢？"于是乎，剪了修、修了再剪，成为班夏天的重要工作之一，他对品质的执著我非常理解，尽管，我总是戏称他为"剪刀手班"。

葡萄园的鸟、猪、人大战

每年 9 月初采收前，即将成熟的葡萄那珠圆玉润、甜美可人的姿态，最容易遭外界"好吃之徒"的觊觎，这些"好吃之徒"即为鸟与野猪。每次跟着班到葡萄园巡视时，总会发现一些葡萄消失无踪，空留葡萄梗，看看地上被挖的几个坑洞，班就会摇头说："那些鸟和野猪夜里又跑来偷吃葡萄了。"

尤其是靠近森林的葡萄园，最容易被来自森林中的鸟和野猪侵袭，鸟爱吃果实，猪爱吃松露，这些都不是新鲜事，只是这些野猪竟也是"葡萄美食家"，倒出乎我意料之外。

葡萄园工作繁重，无论老少都到园里帮忙。

"当然，猪既贪吃，鼻子又灵敏，怎会轻易放过甜美的葡萄？（注3）"班无奈地说。

"那该怎么办？总不能看着它们跑来把葡萄吃光吧！"我开始着急了。

幸好一山还有一山高，为了防止它们偷吃，首先用网子将靠近森林的几排葡萄藤蔓层层网住，据说这样鸟儿便无法钻入其中"饱餐一顿"。至于野猪，班曾经试过带着猎枪，晚上到森林里守株待"猪"，想若真能抓到一头野猪，不但可以防止葡萄被偷吃，又能来上一顿烤野味，不愧为"一箭双雕"之计，只可惜他并非猎猪高手，没抓到过一头野猪。后来他干脆到理发店里跟店主要了一大袋"头发"，撒在葡萄园附近。"把头发撒在地上可以防止野猪偷吃葡萄？"这又引起我这城市乡巴佬儿的好奇心了。"是呀，因为野猪怕人，这些头发有人的味道，野猪就不敢靠近了。"班解释给我听。

Autumn 秋收

"亲爱的S，当美好假期结束，葡萄采收时节随之到来。秋天，这个象征着丰收的季节，总弥漫着忙碌却又雀跃的氛围，那一篮又一篮满满的葡萄，有着最饱满、甜美的汁液，让人忍不住边摘边把整串葡萄往嘴里送。而昨夜之雨竟成今日之秋，你知道吗？今天摘葡萄时，当我抬头看眼前景致时，乍见满山遍谷的斑斓，竟愣了好几分钟，此美景实无法以言语形容，故随手拍了几张照片，盼与你分享这阿尔萨斯秋天的颜色。"

采收大队就位

采收的季节到了！一年之中最忙碌却最充实的季节终于到了，每年9月中旬左右，在阿尔萨斯葡萄园最常见的景象就是：一个个采收工人拿着剪刀埋首于结实累累的葡萄串间，一桶桶装满葡萄的采收篮置身于葡萄藤蔓下，一辆辆采收车及采收机器车川流不息于道路上（农具车最高速限25公里，每当采收季节，路上常常可以看到一台"缓缓前进"的农具车后面跟着一排轿车，宛若母鸭带小鸭的奇景，却没人敢按喇叭）。

采收工作开始前，班得先为找采收工人而忙碌，找人可不是件容易事，通常都是从家人和固定班底找起。所谓"固定班底"，即指从他老爸那一辈即加入的已经有30多年采收经验的人，这些退休警察、司机等早已成为班的好友，虽然都已过六十花甲之年，不过体力依旧旺盛，而且经验老道、勤快认真，可以说是采收期间最得力的助手。其他采收工人还包括村里的家庭主妇、待业青壮年或打工的学生等，加起来约 12 人的采收大队，早上 8 点就得准时出发，直到傍晚 6 点左右才收工。

根据法国劳基法的最低薪资规定，采收工人时薪为 8.75 欧元，换算成人民币约为 80 元，一天若 8 个小时下来可拿到 640 元，和当地物价相比起来，虽不算多，却不失为赚外快的好机会。法国人生性开朗、幽默，总爱边采葡萄边聊天、讲笑话，甚而唱起歌来，让原本辛苦的采收工作变得有趣多了。

眼明手快的功力

"边谈笑边采收"听起来好像很轻松，又或者是受到电影《漫步云端》中女主角赤脚在大木桶里踩葡萄榨汁、周围人们快乐地手舞足蹈的画面所影响，不少人误以为采收葡萄是件很浪漫的事情，甚至还有朋友问我："你是不是也用脚踩葡萄？"当我将同问题转问班时，他用异样的眼光看着我："当然没有！你朋友是不是电影看多了，还是还活在上个世纪？"

对酒农来说，一年的辛苦耕作，直到采收时才有丰厚回报，尽管个中辛苦不可言喻，然而却是愉悦且甘之如饴的。当然，采收葡萄谈不上风花雪月，只能说是对体力与耐力的极大考验，采摘葡萄本身不难，一手拿着剪刀朝枝与梗交接处剪去，一手捧着葡萄，喀嚓一声，一大串葡萄就剪下来了，这么简单的动作，估计连 3 岁小孩都会，但剪葡萄时不仅要"手快"，更得"眼明"。怎么说呢？由于葡萄叶既大又茂密，许多葡萄串藏身其间，尤其绿葡萄颜色和树叶相仿，采收时难免有遗珠没被剪到，因此需要睁大眼睛避免漏剪了；另外，还得小心别剪到手指，葡萄没剪成倒剪了手指的"惨案"时有所闻，对采收工人来说早习以为常，因此采收车上必备急救箱，我就曾一时大意将剪刀朝手指咔嚓剪下，当场血流如注；再来，要学会辨认葡萄品质的好坏，太青涩未成熟者淘汰之即可，对新手来说，最困难的就是如何辨别发霉葡萄是坏菌还是好菌。这一好一坏之间外观乍看类似，都铺了灰灰的一层，不过品质却是天差地别。

对酒农来说，一年的辛苦耕作，直到采收时才有丰厚回报。

长了坏菌的葡萄，颜色偏橘色，闻起来有呛鼻腐烂味，而长了好菌如贵腐菌（注4）的葡萄，颜色则成深紫色，外观及口感皆宛若葡萄干，甜度也高得惊人，酿成的贵腐酒更是酒中珍品。

为了在采收时能完全做到"去芜存菁"，个性向来"温良恭俭让"的班变得相当严苛，一点都不能妥协，每当他看到采收篮里混杂着品质不佳的葡萄时，都会挑出来"质问"是谁剪的。当有人出来"自首"时，他会毫不留情地责问："如果连看都不看，不管好的烂的就剪下来丢在篮子里，那我干吗花这么多时间和精力找人来剪？用机器采收不就行了！"

翻滚吧，葡萄串

由于阿尔萨斯位于法国酒产区最北端，为了吸收更多日照，这里的很多葡萄园建在山坡上，不乏有坡度陡峭至50°的山坡，这正是对双脚及关节的最大考验。向上走，往往走几步就气喘吁吁，往下走更惊险，得不时抓扶着两旁的葡萄藤架横着走，否则一不小心就会失足摔倒，甚至像皮球般滚下去，于是，"翻滚吧，葡萄串"的场景时有所见。有了数次惊险经验的我，在陡坡处采收葡萄时，总会先将马步扎好，先稳固好底盘，如履薄冰似地小心翼翼地一步步往上爬、往下踩，免得出现一路滑下去的糗态。

另外，相较于波尔多等产区的葡萄藤长得较为矮小，阿尔萨斯的葡萄藤虽然高大，葡萄串却多生长于中低处，因此得不时半蹲甚至跪下来用"求婚跪姿"剪葡萄。这样主要是为了保护龙骨，否则一天下来，若总是弯着腰，肯定腰酸背痛，甚至伤及龙骨，那可就因小失大了。

靠老天爷赏饭吃

除了要和坡度与高度抗衡，采收时更要随时看天的脸色，9月、10月正值夏秋之交，气候诡谲多变，"东山飘雨西山晴"的景象不足为奇，"朝穿皮袄午穿纱"也成家常便饭。对采收者来说，纵然艳阳高照、汗如雨下也能够忍受，防晒工作做足就可以了，最艰巨的考验莫过于下雨天。在雨中，得穿着厚重的全套雨衣和足足有一公斤重的雨鞋，这已让人举步维艰了，还要在泥泞不堪的葡萄园里左右穿梭，简直是不能承受之重，再加上要边剪葡萄边随时倒掉采收篮里的水，工作难度和烦琐度都大大增加。

　　雨天真是酒农的天敌，一则葡萄因吸收了过多水分，瞬间降低了甜度，有时会降两三度以上，加上采收葡萄时难免会掺杂雨水，从而降低葡萄品质，自然也会影响日后酿酒的品质。

　　然而，让班最头疼的不仅于此，而是不知道雨何时停所以无法确定采收工作是否该停工。不停工，采收的葡萄品质不好，停工，则会影响所有采收工人的工作权。记得有一次，虽然前晚已查过天气预报，天气还算不错，然而隔天一大早，天竟不从人愿，下起了雨，所有工人一早就准时集合了，却只能等待，看天公是否会作美，然而雨势愈趋磅礴，看情形是不可能停了，班也只好狠心地宣布取消采收。

咱家的采收大队成员各个身手不凡。

Winter 冬藏

"亲爱的 S，当我低头写信给你时，今年冬天的初雪竟至，看着窗外缓缓飘落的雪，悄悄地、静静地飞越了天地，染白了整座葡萄园，这让我想起以往我们总爱相约去吃麻辣火锅，在寒冬时吃着暖呼呼的火锅，真是快活！又是岁末之际，圣诞节将至，正是葡萄酒销售旺季，而一年所有的辛苦付出都在此刻得到了回报。看着来到我家酒窖品酒、买酒的客人脸上那满足的笑意，我知道，那酒农辛苦酿成的葡萄酒，经过了一段漫长的旅程，现已来到最完美的终点站。"

严峻的冬日工作

冬天，是最容易被人误解的季节，连同之前的我在内，常常认为："冬天叶子枯了、掉光了，葡萄藤蔓也不会长了，应该是最悠闲的时候吧？"

是呀！去年冬天来临前，我还天真地想："他一年到头忙得没日没夜，现在冬天到了，葡萄园里光秃秃一片，不到 5 点就天黑了，应该没什么好忙的了，他可总算有较多时间陪我了吧！"

当然，事后证实我的想法过于天真，因为，冬天对阿尔萨斯葡萄农来说，其实是最严峻的时期。在昼短夜长的严冬里，不像多数人待在暖气房里坐着工冬天，对阿尔萨斯葡萄农来说，其实是最严峻的时期。

作，葡萄农得在冷风刺骨、霜雪冻肤的 0℃（有时甚至到 –10℃）气候中，踏雪而出，站在葡萄园里工作，而且一待就是几个小时。

在冬天的葡萄园里，到底要做些什么呢？就是"收尾"、"剪枝"和"修枝"等去芜存菁的工作。

所谓收尾，即是把春夏季绑在葡萄树上借以固定葡萄的绳索，一排排拆下来，这还算是个小工程，真正的大工程则是剪枝。因为，经过了一年的生长，葡萄藤枝条蔓生，所以等到初冬枯叶全部落尽后，葡萄农就得凭自己的经验及敏锐判断，在每棵葡萄藤中选择留下两根体质最好的树枝作为"种枝"，以待明年来春开花结果之用，其余的枝干则需全部锯掉或剪掉。接下来则是修枝，尽量将"种枝"的枝微末节修剪干净，并将枝干剪短成斜切口，露出绿色枝心，让葡萄藤即使在冬眠时，还能充分吸取阳光养分，来年才可能"枯木逢春"，重新生长。

冰天雪地里剪枝

请你想想以下的画面：在萧瑟的寒风里，白雪飘摇着，在一片银装素裹中，一个穿着厚重装备的人穿梭在葡萄园间，手中拿着电锯或电剪，不断地锯砍着葡萄藤蔓，而双手早已冻得没有知觉了！

所以，只要到了冬天，不论中午或傍晚，走进家门的班往往都是冻红了鼻子、双手和双脚，总是要站在壁炉前面烤好久才能全身回暖。我曾经跟着他到园里帮忙（当然仅限于"雪霁天晴朗"的风和日丽时），做一些简单的工作，所以更能体会个中艰苦滋味。想想，这需要多大毅力，才能离开温暖的房屋起身前往寒风刺骨的葡萄园里工作？

🍂 酒的三度空间

"锄禾日当午，汗滴禾下土。谁知盘中餐，粒粒皆辛苦。"

"剪枝风雪吹，寒意刺心椎。谁知瓶中酿，滴滴皆珍贵。"

前者是唐朝诗人李绅有感于农夫的辛苦而作，后人总爱拿此诗来教育子孙，告诉他们农夫种田是多么辛苦，每粒米都弥足珍贵，所以千万不要暴殄天物。如今，这首诗对我而言，更是心有戚戚焉，因此随手将该诗改成了后者，盼与远方手中正拿着酒杯的你分享。

看完我的葡萄园四季，你应该了解为什么我说葡萄酒是天地佳酿、难得而珍贵了吧，我更希望你能明白，很多人会将葡萄酒作为浇愁之用，甚至干杯后一饮而尽。我对此相当不以为然，我认为，葡萄酒唯有于快乐之时，和或亲朋好友共同分享的时候，才能细细品味出它的色、香、味，你也会发现，它不只是酒精而已，更蕴涵了惊人的温度、深度及广度。

🍃 酒的三大元素

葡萄酒是有温度、深度及广度的，我这里所指的并非其背后那两千多年、从罗马时代说起的长篇大论历史。就我个人的亲身经历来说，以前，我和其他多数人一样，总是从开瓶后才开始认识喝下肚的这瓶酒，然而现在，我对葡萄酒的认识却是从一株幼苗被埋于土中开始。你知道吗？我看见深植于土中的幼苗是如何慢慢将须根延展，吸取土壤中的养分，然后渐渐长大，接着吐露嫩芽；我还看见相同品种的葡萄在不同的土壤及岩石上生长，最终结出的果实却大相径庭；我更看见一年四季气候如何变化，才会让葡萄有丰收和歉收年份之分，也让葡萄拥有了独一无二的风土条件（注5）。

气候与土壤，天与地，正是大自然不可预测的巨大力量。

如果说，天气给了葡萄酒温度，土壤给了葡萄酒广度，那么我要说，人赋予了葡萄酒深度。天地给了葡萄酒血肉，而人则给予了葡萄酒灵魂，为什么我会这么说？我将在下一章中进行说明。

天、地、人正是酿酒不可或缺的三大元素。

玛琳达的葡萄园笔记本

注 1 阿尔萨斯农妇的唠叨

　　夏季骄阳炙热，工作固然辛苦，不过这也是班　年之中唯一能够忙里偷闲的时候。因为 8 月初到月中这段时间，所有葡萄园工作差不多告一段落，只等 9 月初采收前进行一些准备工作，此时酒农们得以稍稍喘口气，我们也利用这个机会出国度长假，这一点，葡萄酒农可要比牧农们幸运。

　　为什么我会这么说？

　　班说，他小时候，所有酒农家中都会养牲畜来耕田，他爸爸是村里最早把家中的牛卖掉而改用机器耕田的酒农，所以父母偶而会带他和姐姐出游。不过，他的邻居兼好友可就没这么幸运了，因为这位朋友家中养看一头牛和一只马，葡萄园还可以几天不管，动物天天都要吃喝拉撒，总不能放着让它们自生自灭吧？因此，被这些牛、马绑住的人家，根本不可能出远门，好友在童年时当然也就从未外出旅游过。

对我来说，葡萄园的每一个角落都是美景。

33

注2 自然动力法（Biodynamic）vs. 有机栽培法（Organic）

　　环保意识抬头，就和其他各行各业一样，越来越多的葡萄酒农在耕种及酿酒方面，舍弃化学农药及肥料，同时以人力代替机器，逐渐回归自然，进而发展出两大派别，一个是自然动力法，另一个则是有机栽培法（法文称之为"Bio"）。

　　自然动力法，就是根据日月星辰之运转来栽种葡萄，借此来吸取日月之精华。该理论首先由一位奥地利人 Roudlf Steiner 所创建，他相信天体运行深深地影响了植物的成长，后来德国的 Maira Thunn 则依据该理论发展出一套月亮栽种历法，除了规范酒农必须在特定的时间剪枝、犁土、施肥外，连肥料也大有学问（将花草及牛粪装入牛角内，再埋入土中，经过一段时间发酵即转化成为天然肥料，再兑水使用，据说具有相当神奇的功效），这些听起来有些"江湖术士"的感受，却逐渐被许多知名酒庄采用。

　　在"有机"栽培法当道的今日，法国"有机葡萄酒"也逐渐兴盛起来，根据统计，近年来有机酒的销量增长了近 25%。能挂上这个名号，必须通过层层把关部门的有机认证，比如：在栽种过程中，绝对不能喷洒任何化学农药及肥料；在采收时，必须全部采用人工收成；在酿造方面，必须以葡萄皮本身所含的酵母来发酵，绝不能添加人工酵母。另外，虽然不少有机酒标示"不含二氧化硫"，但因二氧化硫为天然防腐之用，只能说有机葡萄酒含有最少量的二氧化硫，但也因此，有机酒比较不能陈放，通常放 3～4 年就会变质，而且开瓶后最好立即喝完，否则很容易被氧化。

注3 酿酒用葡萄好吃吗？

　　"酿酒用的葡萄不好吃！"
　　这句话对不少初学葡萄酒者好像成了金科玉律。
　　印象中，大家总认为酿酒用的葡萄较小、较酸涩，没食用葡萄甜美多汁。之前的我也不例外，所以当班第一次在葡萄园随手摘了熟成葡萄要我尝尝时，我还犹豫了一下问："这会好吃吗？"只见他睁大眼睛，露出一副不可思议的表情："你开玩笑？这可是世上最好吃的葡萄！"

　　想他只不过是老王卖瓜自卖自夸，但为了怕他笑我城市乡巴佬儿，我勉为其

难地接过来吃，没想到，从那一刻起，我对酿酒葡萄的看法彻底改变了，那葡萄不但味美多汁，而且香气袭人，口感丰富。酿酒用葡萄本来甜度就高，这样才能将糖分转化为酒精，所以采收时往往已达 13 度以上，至于晚收酒（Late Harvest Wine）、冰酒（Ice Wine）的甜度有时甚至高达 20 度。

至今，我已经品尝过阿尔萨斯所有品种的葡萄，其中格乌兹莱妮（Gewür-ztraminer）的果粒不小，加上有荔枝般的清甜味，让人印象深刻。但最令人感到惊艳的是麝香葡萄（Muscat），它的果粒更为浑圆硕大，皮薄多汁，一口咬下去，那饱满的汁液溢出来，在嘴里四处流窜，刹时，玫瑰般的清甜幽香充塞于鼻喉之间，余韵久久不散。我个人认为，麝香葡萄的味道要比台湾巨峰葡萄更胜一筹，只可惜，直接拿来吃堪为人间美味的麝香葡萄，酿成酒后虽然香气依旧袭人，口感却较干，反倒不如果实醇厚，也正因此，麝香葡萄酒一直难列为明星级葡萄酒。

酿酒用葡萄多汁味美，也成为采收工人的最佳"饭后甜点"，无论是嘴馋了、口渴了还是想尝鲜，随手摘起葡萄往嘴里送即可。难怪在如此耗费体力的采收日子里，班竟然没瘦反而胖了一两公斤，"谁叫我采收时，吃了太多超级甜的葡萄呢！"

酿酒用葡萄多汁味美，是最佳"饭后甜点"。

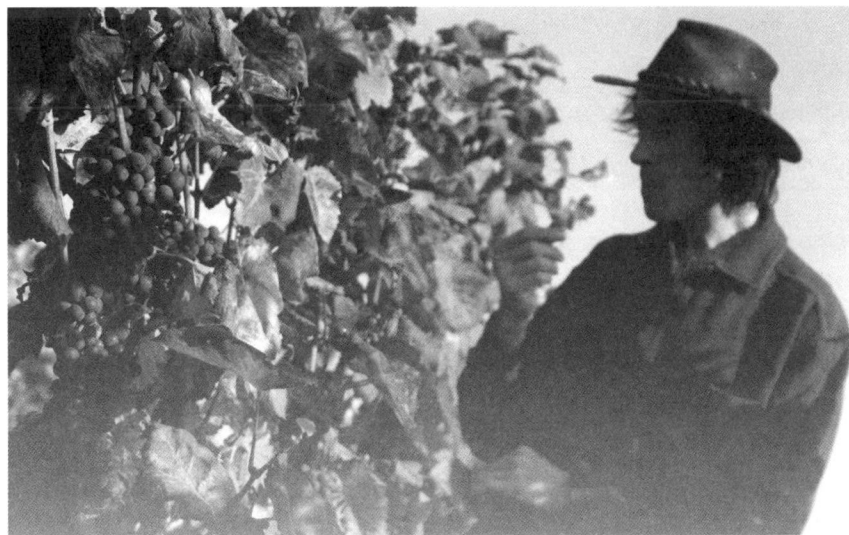

注4 甜白酒种类

＊何谓贵腐酒（Noble Rot）？

脆弱的葡萄最怕病虫及霉菌侵袭，不过霉菌有好有坏。贵腐霉就是好菌，其霉丝会穿透外皮进入葡萄中蒸发水分，不但会让葡萄逐渐萎缩成葡萄干，颜色从淡绿色变成紫红色，还会让葡萄产生特有的香甜味，糖分也因此更为集中，甜度高达20度。用这种葡萄来酿酒，发酵的时间比较长，相对的，能够陈放的时间也比较久，放几十年都没问题，有些酒甚至要陈放30年才能完全展现出风味。

不过，要想让贵腐葡萄腐而不烂，全得靠天气，即秋天时的每天清早都要有晨雾来"滋润"霉菌，使之生长，午后则要有阳光来"晒干"葡萄，否则过于潮湿的气候会让贵腐菌变成灰霉菌，使葡萄烂掉。但是，这样的秋天并不多见，班就说，虽然贵腐葡萄可能年年有，但数量要达到足以酿制贵腐酒的情况，通常要等3年才有一次。贵腐葡萄酒主要产于奥、德、法三国的白酒产区，法国波尔多地区的苏特恩（Sauternes）最为闻名，其中又以伊肯酒堡执其牛耳。阿尔萨斯也是贵腐酒的重要产区之一，贵腐葡萄的产量比一般葡萄少，取其精华所酿造出来的上乘佳酿，尽管价格不菲，却依然吸引很多葡萄酒爱好者不惜重金购买。

一般来说，贵腐葡萄可酿制出两种不同等级的甜白酒，一种是迟摘酒，另一种是逐粒精选酒。

＊迟摘酒（又称晚收酒，Late Harvest Wine，法文为 Vendanges Tarvides）

迟摘指采收期较晚，葡萄因而接受到了更多阳光的洗礼，甜分大增。基本上，酒农每年都会挑选部分葡萄品种（在阿尔萨斯，主要为雷司令、灰皮诺及格乌兹莱妮）作为酿造迟摘酒之用。迟摘葡萄（包含贵腐及一般葡萄）的采收时间通常要比正常收成时间迟1个月左右，多集中在10月底至11月中旬之间，这时气候和外界环境更加严峻，有时甚至会降到0℃左右，而葡萄待在树枝上的时间长，被风吹雨打、鸟猪偷吃或熟透蒂落的风险也就更高，故更显珍贵。

在萧瑟的秋风中采收葡萄虽辛苦，但葡萄多了约一个月的阳光照射时间，加上日暖夜寒，葡萄虽因水分逐渐流失而萎缩，甜度却增加了，几乎可达到 15 度（一般采收葡萄甜度在 9～13），且迟摘酒中多少含有贵腐葡萄成分，因此酿出来的酒甜而不腻，最适合搭配甜点享用。

＊逐粒精选贵腐酒（Sélection de Grains Nobles）

　　"逐粒精选"，意即从一串串葡萄中逐一精挑细选出的一粒粒贵腐葡萄，这百分百由贵腐葡萄酿制的逐粒精选酒比迟摘酒更加稀有、珍贵。除了并非每年都能有量多质精的贵腐葡萄外，采收过程也格外复杂，须每 2～3 周采收一次，只挑选熟成的贵腐葡萄，当然如此专业的工作，也只有酒农本人及经验老道的采收工人才能胜任。所酿的酒每瓶虽仅有 500 毫升，价格却是一般酒的 5 倍以上。班告诉我，他的"逐粒精选贵腐酒"主要为灰皮诺或格乌兹莱妮葡萄，其闪耀着宛若琥珀般的金黄色，散发着荔枝、坚果、葡萄干和无花果的香气，很适合与鸭肝、软奶酪和水果派一起享用，其中灰皮诺还获得了世界金牌奖。

贵腐葡萄的产量比一般葡萄少，但粒粒皆精华。

★冰酒（Ice Wine）

　　冰酒（德文为 Eiswein），相对于迟摘酒来说，采收期更要晚些，望文生义，即是以冰冻葡萄酿制的酒。冰酒乃 18 世纪时德国农夫无心插柳的产物，当时突来一场秋雪，一夜之间，所有尚未采收的葡萄瞬间结冻，农夫们舍不得把冻葡萄丢掉，只好趁其处于半冻状态时赶紧榨汁酿酒，没想到，这半冻葡萄中的水分冻结了，但糖分已融化，酿制出来的葡萄酒如蜜般甘甜，令人大为惊艳。从此以后，德国许多葡萄园的酒农都会在每年下第一场雪当晚，冒雪采收雷司令葡萄，并全程在 0℃以下的环境中酿制冰酒。

　　除了德国，其他高纬度产酒国家，如奥地利和加拿大，也都有不错的冰酒。由于物以稀为贵，冰酒多采用 375 毫升或 500 毫升瓶装，有别于一般 750 毫升瓶装的葡萄酒，而瓶身多半修长、优雅、细致，借以凸显冰酒的高贵气质，当然，其售价也和其高贵气质成正比。

冰酒多采375或500毫升瓶装，较一般酒的瓶身纤细。

注5 风土条件（Terroir）

　　"靠天吃饭"也是葡萄酒农所需遵守的大自然定律之一，这在葡萄酒上特别明显，也因此，年份和地质也成为评价葡萄酒优劣及特色的指标，这可以从法文"Terroir"一词中充分显现出来。

　　Terroir，是认识法国葡萄酒不可不知的最重要词汇，这个法国人发明的词汇，找不到英文翻译，而中文通译为"风土条件"，也很难一言以蔽之。因为 Terroir 一字涵盖了太多层面，它包含了气候、土壤、葡萄品种等各种因素，不同品种的葡萄生长于不同地质、土壤或地形中，承受着不同的气候变化，最后产生了风格各异的葡萄。举例来说，阿尔萨斯白酒之王雷司令（Reisling），因较其他品种的葡萄耐寒，所以适合生长于法国葡萄产区最北的阿尔萨斯，它不但喜欢生长在陡峭山坡上，更喜欢依附在古老页岩上，吸取日月之精华，熟成后的雷司令则会带有清新果香及矿石味，这就是雷司令的 Terroir 特色。

　　不过，除了天与地外，Terroir 还包括一项更重要却常常被忽略的因素，那就是"人"。人为因素，其实在酿制葡萄酒中占有极大影响力，这也是我来到阿尔萨斯后感受最深的一点。

与酒相恋的四季
蓦然回首的饮酒经

黄素玉 | 台北饮酒篇

　　我一直知道你的脑袋里长着务实的藤蔓，你的血液中却开着浪漫的花朵，两者常常在交战，无论缠斗多久，不管谁胜谁负，最终你一定会作出决定并将它化为行动。而我，一方面劝你不要冲得太快，一方面又很佩服你追求梦想的勇气，尤其这一次，你竟是把自己从台湾连根拔起，把未来栽植在如此遥远的国度，而且像变了一个人一样，从五谷不分、四体不勤、只会优雅地拿着酒杯却喝两口就醉的城市娇娇女，变成了在厨房擀面烤派、在园里锄草剪枝，且满口葡萄经的主妇兼农妇，真让人耳目一新，真得要为你热烈鼓掌，加油吧，我的朋友！

　　听你说过作为一个葡萄园农妇的辛苦后，当我在冷气足、灯光美、气氛佳的葡萄酒聚会中时，总会刻意手执酒杯轻晃，然后对着光，仔细观看醇厚的酒液顺着杯沿缓缓流淌下来所形成的"眼泪"(注1)，心想这名称取得真是传神啊，不知里面是否也有你的眼泪？然后，我会想起你说的"葡萄酒唯有于快乐之时，和爱人或亲朋好友共同分享，才能细细品味出它的色、香、味"。这句话，我觉得很对，却不是绝对。

　　诚如你说的，"葡萄酒不单只是酒精而已，更蕴涵了惊人的温度、深度及广度"，然而，想要掌握并体会葡萄酒三度空间的奥妙，就需要持续地喝、不断精进地学习，至少我的饮酒心得就历经了好几个四季和好几番心境转折才积累下来的。

图1、图2有不少酒坊专卖店以进口美国酒而闻名。
图3法国木桐酒庄的酒是著名的明星产品。

Spring 春日初识

"亲爱的M,四月底的台湾基本上就是'春天娃娃脸',昨天正午的太阳烤得人满头大汗,半夜来了一阵雨,气温就直线下落。早上起床,瞥一眼窗外烟雨蒙蒙的景致,还以为是冬日清晨呢!直到发现小叶榄仁树原本的枯枝上已是绿油油一片,这才惊觉春天已来到了。想想,生命中许多机缘也是如此,早见端倪,却浑然不觉,如刚接触葡萄酒时,怎样都没想到日后会和它纠缠这么多年!"

葡萄酒在意识里萌芽

还记得1987年台湾首次开放葡萄酒进口,那段时间正是台湾的经济起飞期,也是葡萄酒第一个黄金十年的开始(1987—1997)。因工作所需,我有机会出席了各种记者会。在这样的场合里,各种美食一道道地送上桌,各式葡萄酒一瓶瓶地开、一杯杯地倒,大家吃着喝着,总会出现一两位葡萄酒意见领袖,开始晃杯、闻香、漱口,再头头是道地评论起刚咽下的那一口酒。他们看到的色泽、闻出来的香气、品出来的味道,大多时候,我只能领略一二,他们用的文字,如"酒体结构完整、余味清晰持久",每一个字我都听得懂,但连在一起却让人一头雾水。

　　不服输的我开始努力地学习品酒，也阅读了所能找到的所有相关书籍，只可惜，那时候进口的葡萄酒还局限在少数知名的地区和酒庄，酒商所推荐的酒多少掺入商业营销行为，网络还不流行，市面上能找到的相关书籍、报道也不多。于是，尽管我喝酒喝得再认真，读书还不忘画重点，一段时间下来自以为多少掌握到了皮毛，谁知一上场，几个回合下来，却发现这段时间的努力已然归零。

　　检讨原因，一来可能是因为我囊中羞涩，所以没财力喝太昂贵的好酒，中低价位的酒也喝得不够多、广、精，涵养见识自是不足；二来，葡萄酒世界实在太浩瀚，不但需要硬实力去背诵各种知识，更需要软实力去品味个中精妙，而我的忘性极佳、感官又太过驽钝，好不容易记在脑海里的文字一对照口中的酒液，脑袋多半只能空转，说出来的话，除了"蛮香的""好喝""很顺"外，再也挤不出来像样的形容词。

　　因此，我曾经甘拜下风地认为，葡萄酒，非我族类也！虽不至于敬而远之，却采取完全被动的姿态：有机会喝，绝不错过；没得喝，也不强求。

参加许多酒坊的品酒会，是认识各种酒最直接、快速的方法之一。

Summer 夏日迷情

"亲爱的M，想到你竟然肯牺牲形象，以乡下阿婆的造型出现在众人面前，我就可以想象阿尔萨斯的日头有多'毒'了。尤其当你在毫无遮荫的葡萄园里工作时，可能我正在参加夏夜品酒聚会，室内的冷气开得很足，甚至还得加件薄外套才行，两相对照，怎好意思跟你说台湾的夏天有多热。当然，也不好意思跟你说，每一次喝酒后，记得的都是当天品酒的感觉、气氛及与同伴交谈的内容，却总是记不住酒名，想想，自己还真是差劲呢！"

葡萄酒在生活中流窜

20 世纪 90 年代中期，随着新旧世界（注 2）的酒庄纷纷来台开拓市场，葡萄酒的品种越来越多样，市面上也出现不少相关书籍，喝葡萄酒的风气不但在政府官员、上流社会的圈子里流行，甚至也渗入一般人的生活中。逢年过节时，许多人经常收到葡萄酒礼盒，对不懂葡萄酒或第一次喝的人而言，可能觉得葡萄酒一点都不好喝，对懂酒的人来说，这些酒可能根本就不及格；吃喜酒时，主人经常热情地提供葡萄酒，因为感觉葡萄酒好像比啤酒、绍兴酒更高级些，事实上，在许多喜宴上喝到的葡萄酒和"高级"两个字也完全沾不上边。

多样的葡萄酒带给人们不一样的口感。

　　无论懂或不懂，不管主动或被动，那时喝葡萄酒的人还挺多的，许多人越喝、越爱、越懂门道，也有不少人纯属凑热闹。但不管怎样，就在葡萄酒来台的第一个黄金十年结束，即 1997 年时，红酒一跃成为当年的年度风云产品。

　　当时的我，对葡萄酒可以说是有点懂又不太懂，刚好遇上一群爱喝酒却不爱"说"酒的同道中人，在没有压力的情况下自然而然形成一个酒友圈，并经常找机会聚会喝酒。在这样的场合里，总有些人是旧识好友，有些人半生不熟，有些人压根没见过，但喝到微醺的状态，每张脸看上去都很友善，很能体会"四海之内皆兄弟"的名言。然后喝着喝着就会进入飘然期，你开始很喜欢跟每一个人碰杯、很愿意打开心扉跟他们东聊西扯。继续喝下去就无可避免地会达到迷醉期，此时，再没有人有神志和心力去细细品味口中的酒，学到的一点知识也早已抛到千里之外，只知道四处找酒，只想喝得再尽兴些，只惦记着不要让场子冷下来，只专注于享受当下的热闹。然后，总会有人喝醉了，如果那人不是我的朋友，我绝对会立即躲开，如果是朋友，哪怕他再吵再闹，我还是会守在他身旁。

　　我完全赞同你说的，"不该将葡萄酒用作浇愁之用，也不该很豪迈地干杯、一饮而尽"，因为这种行为完全是暴殄天物。但不可否认的是，对正值年少轻狂的人来说，再怎么珍贵的葡萄酒终究还是酒，当它们与人们相遇，当喝的人正处在灵魂暗夜里，当理智被酒精麻痹了，有机会让自己喝醉而得以肆无忌惮地把心里最深层、清醒时绝对讲不出的爱恨嗔痴说出口，其实是一种救赎，而说醉话时有朋友不离不弃地相伴倾听，则是一种幸福。

　　然而，这世上没有"永远"，没有人可以永远长不大，没有人可以永远耽溺在特定的喜怒哀乐中，最重要的是天下没有永远不散的宴席。于是，随着我换了职业，不再出席记者会，和这群酒友的生活圈也越来越难以交集，最后终究是因缘相聚而缘尽缘散了。

Autumn 秋日沉淀

> "亲爱的M，你那里有满山遍谷的斑斓景致可赏，我这里，城市风景没什么太大变化，白天还是热，太阳下山后气温稍降，偶尔吹来一阵风，多少安抚住浮躁的心情。神清气爽了，却也不想往人多热闹的地方挤，只想跟好友聚聚、聊聊心事、喝点小酒，因为正当不太热又不太冷的秋日夜晚，不管是喝冰凉的白酒还是室温下的红酒都很适合，但酒伴难寻啊，你已在千里之外，谁知道现在同桌的酒友还能伴自己多久呢？所以得格外珍惜啊！"

🍇 葡萄酒在血液里苏醒

酿造一瓶好的葡萄酒需要时间，对葡萄酒的深刻了解，其实也需要经年累月地"酝酿和发酵"。因此，在经历过一窝蜂盲目追求欧陆知名酒庄和懵懵懂懂的摸索学习之后，从葡萄酒第二个黄金十年（1997—2007）开始，凑热闹的人数变少了，真正懂酒和爱喝葡萄酒的人却变多了（注3）。其中，有些人一跃成为葡萄酒的相关业者，为台湾引进更多元的葡萄酒、成立更专业的品酒会，有些人则单纯地成为忠实的葡萄酒爱好者。这些无酒不欢的人，也许会去大量阅读专家的书，也许会成为某葡萄酒博客的忠实读者，也许会四处去参加品酒会，也许什么名人都不追随、任何说法都只当是参考，就只要依据个人的预算来买酒，用自己的感官去品酒。

　　毕竟，葡萄酒的相关知识虽然多到让人眼花缭乱，但回归到最基本的层面，它终究只是酒精饮料，尤其是在和亲朋好友聚餐时，与其张开嘴巴"大秀"自己的博学多闻，还不如用来吃饭、喝酒和聊天。

　　好友相聚不一定要喝酒，喝酒不一定要喝醉，但，如果真想"释放"一下，那我更愿意醉在葡萄酒里。因为喝烈酒太易醉，喝啤酒容易撑，葡萄酒的低酒精浓度（注4）让人毫不设防而醉得更痛快。因为刚打开一瓶酒时，最好给它一段醒酒时间，所以你必须慢慢喝、细细品，也就可以一步步领略微醺、飘飘然和迷醉的情境，可以自己决定停留在哪个阶段。因为保存未喝完的葡萄酒有些麻烦，而你又很难一个人独自喝完一瓶酒，所以最好找个伙伴一起喝，而不要一人独自酗酒，和一个懂你的知己对饮让人身心皆放松，与亲朋好友一起品酒则有与其分享的趣味。

多尝试各种不同的酒，只有好处没有坏处！

图1、图2：台湾人接受度最高的是法国勃艮第的红、白葡萄酒。
图3、图4：勃艮第红酒在台湾红透半边天，也是许多人喜欢的葡萄酒之一。

Winter 冬日回味

"亲爱的M，真羡慕你看得到美丽的雪景，这里一整个星期都在下雨，又湿又冷，好不容易来到假日，却又懒到甚至不愿出门吃麻辣锅，只想赖在家里，窝进棉被里冬眠或开瓶酒、看看DVD，所以选了《寻找新方向》来重温旧梦。多年前看的时候还不是很了解剧中主角对黑皮诺、梅洛等葡萄品种的喜恶，现在不但看得津津有味，甚至激起我冒雨外出买酒的兴致，当然，这一次锁定的目标正是黑皮诺。"

《寻找新方向》（注5）

品酒会里集合了许多爱酒人士，在这里可以认识各种酒、各种品酒的人。

葡萄酒在转角处呼唤

还记得 2000 年时到法国与德国酒庄采访的事吗？只可惜，当年的你既不喝也不爱喝葡萄酒，而我还只是葡萄酒的初级接触者，所以我们报道的角度主要锁定在葡萄酒之"旅"上。介绍的是如何前往某酒庄的交通路线图和采购各式葡萄酒的相关资讯，拍摄的是艳阳下灿烂如绿色织锦的葡萄园、宁静而古朴的小镇风光、各具特色的酒庄建筑、提供各式美酒佳肴的葡萄酒餐厅，和酒庄男女主人谈的话题也多半围绕在比较风花雪月的层面上，再加上行程排得太紧了，没时间坐下来好好品酒，也没本事去体验不同酒庄的特色、不同品种葡萄酒的精妙之处。如果是现在，在两人都对葡萄酒有些概念时，再有机会拜访酒庄，我们应该会像小学生出游一样，兴奋到不能自己吧？

也许，就是与葡萄酒有缘吧？让我们有机会在 2009 年再次携手，设计完成一本葡萄酒的入门书。我想这本书最大的不同是，你拥有一整年亲自在阿尔萨斯种葡萄、酿葡萄酒、学品酒的亲身经验，而我虽然还属门外汉，但在心态上则完全准备好了，因此，在采访酒商、葡萄酒餐厅和葡萄酒达人时变得特别认真投入，在阅读相关资讯时变得更加战战兢兢，在品酒时也尽量学习着打开五感，因为我不想再次入宝山而空手回，不想一直在葡萄酒国度的大门外徘徊了。

黄素玉的葡萄酒笔记本

注 1 葡萄酒的眼泪

将葡萄酒倒入酒杯，轻轻摇晃后（可以拿起酒杯，悬空顺时针或逆时针旋转，或者将杯子放在桌上，用手握住杯底来回转动），再倾斜酒杯使其对着光，就会看见酒液在杯壁上留下一条条透明的酒痕，即所谓的眼泪（英文 tears，法文为 lâmes），也有人称为拱门（arches）、美人腿（legs）。一般来说，酒精浓度较高、含糖量较多、年份较久的酒，眼泪流下来的速度会比较缓慢，虽然这三高也确实是好酒的必备条件，但却不能以此作为判断葡萄酒品质高低的唯一标准。一来因为形成好酒的因素很复杂，二来有些国家的酒庄会在酿酒时偷偷地加糖、加酒精，再者，还有些品种如希瓦娜（Sylvaner）所酿出来的酒本身就比较单薄，较少见到"眼泪"，所以，眼泪和酒的品质并没有绝对必然的关系。

注 2 新旧世界的葡萄酒

在葡萄酒国度里，旧世界指的是已有千百年酿酒历史的欧洲国家，如法国、意大利、德国、西班牙等。欧洲以外的地区，如美国、澳洲、新西兰、智利、南非等国家，它们种植酿酒葡萄和酿制葡萄酒的历史只有 100～200 年，所以被称为新世界。

相比而言，不管是气候、地理等天气条件还是酿酒法规，旧世界都比新世界更严苛，以法国波尔多为例，在酿酒法规的指引下，大部分酒庄都会遵循传统酿造法，为了突显各种葡萄的优点、缓和其弱点，还经常用多种葡萄进行混酿，以得到较佳的平衡口感和更丰富的后韵。新世界酒庄的经营方式，包括耕作、收成、酿造及包装营销都更企业化、技术化，也更加注重消费者导向，他们一方面生产大众喜爱、好奇的酒，如香气浓郁的单一葡萄品种的酒，另一方面也会吸取旧世界知名酒区的混酿经验，并复制出类似的风格，生产出偏向旧世界口感的酒。

然而，也许是市场竞争太激烈了，旧世界的规则似乎在渐渐松动，如平价型的法国酒喝起来的感觉少了些复杂及深度，反而很像新世界的直接、简单、易饮风格。入门的人大概都学过，黑皮诺是勃艮第红酒的唯一品种，一般并不会在酒标上特别注明，但我在超市就看到一瓶勃艮第的酒，酒标上清楚明白地标示着黑皮诺（Pinot Noir）的字样。也许，有规则就有例外，是我太少见多怪了？

注3 喝葡萄酒的人数

根据统计，2007年台湾进口葡萄酒的总量超过1800万升，高于前年的1600万升，市值约3.1亿元，增长率为12.1％；另一份资料则显示，根据国际葡萄酒暨烈酒机构（VINEXPO）的调查，2006年台湾葡萄酒的实际消费量为1180万升，相当于台湾人每一年要喝掉约1570万瓶葡萄酒。根据以上数据，可以推论而知，在台湾，喝葡萄酒的人数呈极为稳定的增长趋势。

注4 葡萄酒的酒精浓度

在市面上，常见葡萄酒的酒精度一般在11～15度（有些甜红酒则会低至8度）。这种差异主要取决于葡萄本身含糖分的高低（地区、气候、葡萄品种、年份等因素都会影响葡萄所含的糖分）。一般来说，酿制葡萄酒时，选用的葡萄越甜、发酵过程越顺利，配制出来的葡萄酒酒精度也就越高。然而，酒精度高低与葡萄酒的品质并没有必然的关系，于是，为了让葡萄酒的酒精度"恰如其分"，各种专业的技术也就应运而生了。

某些酒坊里主打商品为西澳、南澳等地知名酒庄的红、白酒，吸引了不少好奇的人想品尝一番。

注5 葡萄酒相关的电影

* 《杯酒人生》（Sideways）

　　导演是亚历山大·佩恩（Alexander Payne）。也许是因为男主角的境况有点惨、剧情有点夸张，也许是电影中的主要演员名气都不大，也许是里面提到许多专业的葡萄酒知识，总之这部戏在台湾上映时票房并不佳，但它在美国却获得极大的成功，不仅获得2005年奥斯卡最佳改编剧本、金球奖最佳影片和剧本、美国独立制片精神奖等多项大奖，而且在美国各地的票房也都很好。其实就算看不懂与葡萄酒相关的对话，这部戏还是极具可看性的，有机会不妨找出来看看吧。

* 《美好的一年》（A Good Year）

　　由合作过《角斗士》的奥斯卡金像奖大导演雷德利·斯科特（Ridley Scott）与金奖影帝罗素·克劳（Russell Crowe）两大王牌携手合作完成，影片改编自彼得·梅尔（Peter Mayle）的《恋恋酒乡》一书，剧中对葡萄酒的专业性虽然着墨不深，却可以看到普罗旺斯风景优美的葡萄园、酒庄，对祖孙、男女感情的处理也有其独到之处，再加上俊男美女的演员阵容，可以说是一部"好看"的视觉系温馨小品。

* 《酒业风云》（Bottle Shock）

　　导演为兰道·米勒（Randall Miller），是根据一个真实故事改编的电影，全剧选在美国加州纳帕（Napa）拍摄，记述的正是境内的 Chateau Montelena 酒庄，在1976年巴黎品酒大会中，以1973年的霞多丽（通过盲饮评比）击败诸多法国知名酒庄的故事。这个事件，不但让这座原先默默无闻的酒庄一夕之间声名大噪，奠定了加州那帕在新世界中的地位，最重要的是它也让许多人从原有的新旧世界迷思中觉醒过来，不再将名气与名牌酒庄直接画上等号。但讽刺的是，自从那帕成名后，想在这一地区买到品质高又不贵的酒，就已经是极难达成的任务了。

葡萄园对话

玛琳达 班 素玉

班

玛琳达

素玉

玛琳达:"世上究竟有多少种酿酒葡萄品种? 这些葡萄不管种在哪儿都可以生长吗? "

班:"据正式统计数据来看，有 300 ～ 400 种，阿尔萨斯就有 11 种法定葡萄品种，不过不像新世界爱在哪儿种就在哪儿种、想种什么品种都行，法国每个酒区的葡萄品种及栽种地点都有限制。但 2015 年后将取消限制，不同产区可尝试栽种其他产区的葡萄品种，不过一些明星级葡萄仍受地区保护，如阿尔萨斯的雷司令、格乌兹莱妮、希瓦娜即将受保护 10 年，法国其他地区不允许栽种!"

玛琳达:"正所谓橘 '生于淮北则为枳'，环境对物种的影响很大，哪种葡萄适合哪种土壤，也是千百年来老祖先积累下来的经验，所以不是所有的葡萄都适合搬家!"

- -

素玉:"法国法令禁止葡萄园灌溉? 即使干旱时也不行吗? 这样葡萄藤不会枯死吗? "

班:"当然不行! 法国明文禁止葡萄园进行人工灌溉，即使干旱也不会改变，因为若是和新世界那样用人工灌溉，只会增加葡萄中的水分，不仅甜度会降低，味道也会变得平淡，而完全靠大自然种出来的葡萄，不仅味道丰富，也更有层次感，若真遇到少雨或干旱的时候，葡萄藤缺水后自然会迫使根须往更深处蔓延生长以寻找水源，这样就可以吸收更多土壤中的养分和矿物质，万物都有自己的神奇力量，它会找到自己的生存之道！"

🙂 玛琳达："一株幼苗要多久才可以长出葡萄？葡萄藤的最长寿命约为几年？"

🙂 班："一般得 3 年时间才会长出葡萄来，最长寿命达百岁，不过结出的葡萄数量会越来越少，所以一段超过 50 年后就会除旧换新。"

🙂 素玉："原来葡萄藤也可达百年寿命，虽然能长出品质较优的后代，但老蚌生珠本就困难，在不符合经济原则的情况下，酒农也只好忍痛牺牲之。"

🙂 素玉："听说欧洲许多地区的葡萄藤都带有美国血统？"

🙂 班："没错，比如阿尔萨斯就有许多将原产地品种与外来品种接枝而成的葡萄藤，外来品种中的 90% 来自美国，原因并不是为了让葡萄更甜美，而是因为一百多年前，欧洲曾发生过一场严重的葡萄藤虫害，酒农损失惨重，虫害来自美国，美国当地葡萄藤具有免疫抗体，因此才在美国树根上嫁接欧洲藤。"

🙂 玛琳达："台湾高山梨接枝后长出甜美多汁的果实，法国则为避虫害而采用欧美联姻，我上网查了资料，原来 19 世纪中叶曾发生虫害危机——瘤蚜（Phylloxera），虫害席卷整个欧洲，专门咬食葡萄树根使其枯死，当时全法国约有 40% 葡萄藤因此死亡，成为法国葡萄酒史上的最大灾难。经过 10 年的抗争及调查，最后终于查出虫害源自于美国，而美国葡萄树根已对葡萄根瘤蚜产生抗体，法国酒农便将美国种树根引进国内，成为数量最多的欧美混血品种。"

葡萄苗种下后，要3年才会长出葡萄，最长寿命可达百岁。

素玉："一般葡萄树之间约隔几米？如果面积相同，葡萄藤种得越少，品质会越好吗？"

班："昔日用马车耕种时，距离在 1 米左右，如今使用机器，因其体积较大，所以距离拉宽了些，为 1.5～2 米，藤蔓间隔为 0.8～1.4 米。相同面积的葡萄园，如果葡萄藤过多、密度过高，就会迫使葡萄藤彼此竞争，为了吸取更多养分，所有的树根都会努力深入土壤中，这样葡萄所蕴涵的矿物元素也就越多，品质相对就越好，简言之，1 公顷葡萄园中种了 6000 株葡萄藤，其葡萄品质要比只种 3000 株的品质要好。"

"另外，法国法令对每公顷葡萄园最多可生产的葡萄酒量也有严格限制，比如，1 公顷只能生产 3 吨葡萄酒的话，那前者要两株才生产 1 升酒，而后者一株就能生产 1 升，也就是说前者的酒农在做数量控管时，每株葡萄藤只要保留一半数量的葡萄串即可，如此去芜存菁后留下的葡萄串，所吸收到的养分自然就比较多，酿出来酒的品质也会比较好。"

"不过，葡萄藤种得远多于可以酿酒的数量时，酒农就必须花更多时间去照顾，耗费更多心力去剪掉多余的葡萄串，时间、心力、金钱等成本自然也会大大提高。"

"相对一些法令较宽松的新世界国家，因为没有限制葡萄园生产酒的数量，酒农为了酿出更多的酒，就会让每株葡萄藤发挥到最大'效用'，不但拼命灌水且不愿过多修枝剪串，在这种情况下，每株葡萄藤上的葡萄串就会过多，看似果实累累，但所酿酒的品质就有待商榷了！"

玛琳达："葡萄藤上结实累累也并非好现象，果实粒大饱满也非品质保证，在法国'去芜存菁'才是好酒的必遵之道。那 1 公顷葡萄园大约可生产多少升葡萄酒？"

班："根据法规，特级葡萄园（Grand Cru）可生产 5000 升，最多 8000 升，晚收酒约为 3000 升，不管是佳酿还是歉收年份，皆如此。因此遇到丰收年，酒农有时只能舍弃部分葡萄不用，否则一旦超出法令规定并不幸被政府查到，酒被拿去蒸馏成酒精充公给医院用事小，被罚万把欧元可就得不偿失了！若是歉收年份，酒农就只能自求多福了！"

玛琳达："原来有时过了采收季节，仍见葡萄园一堆葡萄没人采，或是任其腐烂掉落后化为春泥，不是酒农浪费或偷懒，而是因为葡萄盛产，采多了不仅多花人力、财力，甚至还有可能被罚款，干脆就弃之不顾了！"

素玉："一般葡萄树能长多高？"

班："阿尔萨斯的葡萄树平均高度为 2 米，其他产区的葡萄树只有其一半的高度，为何阿尔萨斯区的葡萄树较高？因为这里纬度较高，葡萄树接受到的阳光较不充分，为了进行光合作用，藤蔓就长得比较高，绿叶也比较多。"

玛琳达："和其他地区如波尔多的矮小葡萄藤相比，在阿尔萨斯区采收葡萄要算幸运的了，因为，不需要当武大郎时时蹲着剪葡萄，久了恐怕要得关节炎。"

素玉："我知道法国葡萄酒分为许多等级，但特级葡萄园所酿的酒是不是真的品质最好？"

班："特级葡萄园几乎都位于最好的地形上，土壤条件也最好，属于典型的 Terroir 酒。特级葡萄园通常拥有悠久的历史，同时需经 AOC 认证，限制相当严格，不能产太多酒，其土地面积虽占所有葡萄园的 8%，却仅生产 3% 的葡萄酒，酒精浓度也需稍高些，严苛条件使其成为优质酒，算是品质保证。不过，这并不代表其他等级葡萄园没有比特级葡萄园好的酒，因为多数特级葡萄园早在数百年前就定下来了，从地点到面积都不曾更改过，像是堪称最大的红酒特级葡萄园的勃艮第区伏旧园（Clos de Vougeot，为勃艮第夜丘区的著名特级葡萄园），从 1336 年至今都未曾变过。这使一些拥有相当高品质的葡萄园，至今仍无法晋升为特级葡萄园，非常可惜。"

素玉:"日本漫画《神之雫》中提过老藤，老藤长出的葡萄有何不同？酿出的酒味道如何？"

班:"老藤通常指 25 年以上的葡萄藤蔓，为何用老藤上长出的葡萄酿出的酒风味较浓郁、集中？因为老藤经过多年生长，它已经过达尔文的物竞天择论考验，经过老天筛选成为较能适应当地土壤、气候的优胜者，并具有当地的土壤特质；再来因为老藤的葡萄串数量比新藤少，相对所得到的养分较高，其甜度和味道也较集中。"

玛琳达:"法文 Vieille Vigne，简称 V.V.，在一些酒标上可以看到此标示，听了班的解说，让我豁然开朗，难怪我们总说'姜是老的辣'，原来葡萄酒也是老藤的浓！"

素玉:"我看过一些相关报道，其中许多专家会特别强调佳酿年份，什么样气候才算是佳酿年份呢？该年份酿的酒真的比较好？"

班:"低温及多雨为葡萄的两大致命伤，至于是否为佳酿年份，通常 6 月为关键期，因正逢花期，若天气太冷，延误了花期，葡萄熟成时间相对缩短，品质自然不好。另外，采收前 1 个月也很重要，因为这段期间正是葡萄生长最快、最需要养分的时候，像阿尔萨斯如果白天热、夜晚冷，则会赋予葡萄丰富的香气；葡萄当然需要水分，但不能过多，否则葡萄只会徒增水分而失了甜度，平均 10 天下一次雨最好。如果遇上歉收年份，酒农还可以做事后修正，如 2006 年的阿尔萨斯并非好年份，不过我的酒却得了世界金牌奖，所以即使同一地区、同一年份，葡萄及所酿的酒品质也并非相同，所以不能尽信佳酿或歉收年份。"

玛琳达:"所有葡萄都可以做迟摘酒吗？"

班:"非也！首先白皮葡萄要比红皮葡萄适合，品种方面以雷司令、格乌兹莱妮和灰皮诺这种颗粒较小、糖分较集中、葡萄皮较容易产生贵腐菌的较适合做迟摘酒。"

素玉："什么是酒体结构？什么是余韵？"

班："首先必须了解葡萄酒是有生命的，在开瓶前，酒中的单宁、果酸、剩余糖分、酒精四大主要元素还在持续不断地运作，直到四大元素全部都均衡地混合在一起，才是这瓶酒的适饮期。换句话说，当这些元素即酒体的结构混合得越和谐，越可以称为一瓶好酒，香气和味道都不会太单一，闻起来有多层次的香味，喝起来有复杂且均匀、圆润的口感，并且会随时间推移层层展开，就算把酒咽下喉、吞下肚了，酒的味道还会停留在舌头味蕾上好一阵子，不会马上消失。"

玛琳达："法语所说的 Caudalies（Cauda 源自拉丁语，意思就是尾巴），类似英文的 Second，中文则有人翻译为余味、余韵、尾韵，有人甚至用'孔雀开屏'来形容它。"

玛琳达："酒开瓶后，一定要当天喝完吗？"

班："要视酒性和所在温度而定。基本上，酒开了以后最好当场喝完，最晚也要在隔天喝完。尤其红酒的酸度较低，保存时间比白酒短，最多开瓶后可存放 3 天，白酒最多可以存放一个星期。而且，酒若剩得越少就越不经放，因为瓶中空气相对较多，酒也比较容易氧化、变质。"

素玉："专业的酒餐厅，会用真空器将酒瓶内的空气抽空，但在家里怎么办呢？"

班："首先将瓶口密封起来，然后放在阴冷及晒不到太阳的地方，如冰箱或地下室。"

酿酒记vs.阅读记

你在阿尔萨斯

从酿酒过程中领略葡萄酒的奥妙

我在台北

从大量阅读中涉猎葡萄酒的博大精深

不同的切入角度

不一样的感官惊艳

玛琳达 & 黄素玉

慢慢地走进了葡萄酒国度的大门

赋予葡萄酒灵魂的创造者
酿酒师其实是艺术家?

玛琳达｜阿尔萨斯酿酒记

如果卓而不群的葡萄酒能够凭借香气显露出特有的风土条件,那是酿酒者所赋予葡萄酒的灵魂,如此和谐的氛围,也将弥漫于琼浆玉液之中。我愿与你分享一杯好酒,与大自然共融,种植葡萄并爱护它们,采收葡萄将其酿制为神圣的液体,获取内心深处的愉悦感,品味一杯甚至更多的葡萄酒,一个全新的世界俨然成形。

"每天早上当我醒来,我继续种葡萄并珍惜它们,如此日复一日不间断的戮力以赴的酿酒者如我,只盼能臻至完美的境界。最后,把我的梦想挹注于酒瓶之中,以此唤醒你的感官,敞开你的心胸,彷佛你也能深刻感受到这份幸福。人生因为有梦想而伟大,而梦想则需迫不及待地被实现,因为一个快乐的人正是梦想得以实现的人,所以我的朋友请斟满我的酒杯吧!"

班在他的酒庄官方网站上,如此感性地陈述了他的酿酒哲学,我希望在此借花献佛,让我斟满你的酒杯,一同举杯邀明月,只盼天涯共此时。

成就佳酿的幕后推手

记得我因你而开始接触葡萄酒时,我还只是肤浅地想认识酒标上的葡萄品种、年份、出产国与地区、价格,而在嗅觉及味觉上只能单纯地辨别果香、花香。我还记得当我因能背诵出葡萄酒基本常识及凭借品酒完整形容其香气而沾沾自喜时,你却这么提点我:"不不不,葡萄酒绝非仅从感官体验就能概括,它是有灵魂的,等你可以领会我今天说的话的意思时,才要恭喜你正式踏入葡萄酒这个浩瀚的世界里!"

现在，我终于能体会当年你所说的"葡萄酒的确具有灵魂，而酒农及酿酒师正是那赋予葡萄酒灵魂深度的元神，即葡萄酒三元素'天、地、人'中的'人'"。因为正是人让同样的葡萄品种，在同样的地区、土壤中生长，同时接受大自然无偏私的洗礼，最后却酿造出大相径庭的酒。

魔术师般点石成金

前面提过酒农栽种和采收葡萄的点滴过程，相信你已了解想要栽培出佳酿葡萄并不容易，除了得看老天爷脸色外，还要酒农下足苦功才行。因为，尽管采收到的是"超完美"葡萄，但想化成佳酿却非必然，好比把相同的上好食材给予不同厨师烹调，制作出来的菜品却因人而异，葡萄酒也是如此，这一点相信你也很明白。

酿造葡萄酒，听起来好像很简单，高中化学课上就学过，葡萄酒是葡萄中的果糖经由酵母作用逐渐发酵产生酒精酿成的。后来我们也一起参加过品酒课，课程开宗明义依旧从葡萄酒酿造公式开始：白酒为白或红葡萄直接榨汁后再去皮、去籽酿制而成，红酒则是由整颗红葡萄连皮带籽浸泡后再榨汁酿制。虽然不少葡萄酒专家及市面上有关葡萄酒的书籍，总可以说得头头是道，但纸上谈兵的成分多些，因为酿酒并非仅套用公式就可以了。

不管是佳酿还是歉收年份，对于酿酒师来说都有不同的特色及优、缺点，更是不同的考验。要如何将这些葡萄酿成点滴佳酿，并赋予其灵魂，这都在测试着酿酒师的智慧，他们就像是魔术师一样，凭借其专业、经验、直觉、感觉及无可取代的特有天分，点石成金般酿出好酒。

酿酒一二事

从被剪离藤蔓母体的那一刹那起，葡萄即将开始它的第二旅程——葡萄酒。此时，班的身份也从酒农变成酿酒师，我看着班在阴冷又孤单的酒窖里酿酒，两年下来也多少有些心得，在此与你分享。

发酵

　　由葡萄蜕变成美酒的化学变化过程可谓诡谲多变，通常发酵时间为 14 ～ 90 天，期间一步都不能出差错。尤其班习惯使用葡萄皮上的天然酵母来发酵，天然酵母虽好，但不如人工酵母那样品质一致，因此常常状况百出，让他随时随地都得绷紧神经，深怕一个不小心就会产生发酵不完全或发酵过度，以及其他任何无法挽回的状况。所以在发酵期间，班每隔几天就得采集一次样本送到附近的葡萄酒实验所进行检测，以收集相关数据，同时针对数据所显示的缺失立即进行修正。

　　为了掌控发酵状况，每个酒桶上都会装置 U 形透明管，里面装了一半的水，当酒桶内的葡萄开始发酵时，就会释放出二氧化碳（此时酒窖中会充满二氧化碳，因此只要待上一阵子，他就得到外面透透气），此时 U 形管中的水就开始发出咕噜咕噜声。当所有酒桶都开始发酵时，那有节奏的声音此起彼伏着，偌大的酒窖就像一座大型音乐厅，而这些咕噜声好比室内的管弦乐团，夜以继日地演奏着。

　　班说，当他一个人在黑暗阴冷的酒窖里工作时，听着这有节低奏的咕噜声，宛若他百听不厌的 20 世纪 60 年代怀旧音乐，他也就不觉得闷了。

　　其实，这咕噜声就像是医生的听诊器，可以让班随时掌握每桶酒的发酵状况。因此，他得随时注意每个酒桶发出的咕噜声，若速度太快，表示发酵过程太快，若速度渐渐变慢了，直至完全无声，则代表发酵停止了，这些都是重要指标，让他得以随时做出调整。

　　发酵期间除了起伏有致的咕噜声外，整座酒窖同时还弥漫着一股浓浓的酒香味，往往班在酒窖待一整天回家后，从远处就可闻见他满身酒气，不知情者还以为他是严重酗酒者或是掉进了大酒桶中呢！

不管佳酿还是歉收年份，葡萄采收后都需要在酿酒师点石成金般的操作下方能成为佳酿。

发酵过程如天威难测

葡萄发酵过程是一种繁复的化学变化，通常熟成葡萄采收时的糖分为 11 ～ 14 度，而迟摘葡萄糖分为 18 ～ 20 度。葡萄发酵时，糖分将转化成酒精，如果发酵过程顺利，糖分几乎全部转化成酒精，则酒精浓度为 11 ～ 15 度，这是我们常见的"干"酒（Dry Wine）。迟摘酒则需在发酵过程中以人工方式中断发酵，将酒精浓度控制在 14 度左右，另外有 4 ～ 6 度的剩余糖分，这就是所谓的甜酒（Sweet Wine）。

至于为何发酵过程会难以控制？主因在酵母及温度上。若使用葡萄皮上附着的自然酵母菌，因气候等因素影响，每年的酵母品质不一。若是在雨天采收，酵母会被雨水冲掉，就可能造成发酵不完全，这样葡萄酒酒精浓度可能只有 7 ～ 8 度，剩余糖分太多，成了半酒半汁的四不像。补救方法就是添加更多酵母，或是等来春天气较温暖时使其再度发酵。发酵的理想温度为 17 ～ 18℃，若发酵过程中温度过高甚或到达 28℃ 的话，就会导致发酵时间缩短，有时 3 天即完成发酵，这种过度发酵的酒缺乏了该有的优雅、细致度，也少了果香味，是一大败笔。

🍁 我家也有新酒发布会

不只博若莱有新酒，班每年 11 月底也会举办自家的"新酒发布会"，当然大伙儿喝的不是鼎鼎大名的博若莱，而是还在大桶内刚发酵完或尚在发酵的新酒。为何有这么特殊的"品酒会"？班说："对我们酿酒的人来说，如果每天关在酒窖里孤芳自赏的话，就会故步自封，有时也会走入死胡同，酿出来的酒也会太过'冷漠'，所以我们会广纳谏言，听听别人的意见。"

于是趁着 11 月新酒刚发酵完毕、正进入熟成状态时，酒庄的酿酒师都会轮流到各家酒窖里品酒，除了彼此交流、提供意见外，也会顺便和自家的酒相比较。此时的新酒介于葡萄汁与葡萄酒之间，颜色混浊，口感酸涩，当然是不可能"喝"下肚的，不过还是可以"从小看到大"，预想到其熟成后的模样，若有所偏差，酿酒师可以趁机进行修正，以臻完美境界。

悠游于酒池肉林的男人

"我是打从出娘胎起就在葡萄酒池中游泳长大的人！"记得刚认识班的时候，他如此比喻他与葡萄酒的不解之缘。

两百多年来，他的家族一代传一代地种葡萄和酿酒，既是酒农也是酿酒师。他的父母来自两个不同的酒庄世家，他则是"血统纯正"的葡萄酒农。当然，酒农之子继承父业非必然结果，现在越来越多年轻人一则有自己的兴趣发展，一则不愿如父辈那般辛苦工作。因此很多小酒庄便后继无人，只能单纯当种葡萄的农夫，采收后再将葡萄卖给大酒厂，不再经营酿酒生意，甚至有些酒庄干脆关门大吉或转卖给大酒厂，百年祖传基业就这么走入历史。

当然，年轻时的他也曾思考过转行这个严肃课题：如果走其他路会怎样？还曾跑到以色列的蕃茄工厂打过工（顺便一提，他自从去了蕃茄工厂后就再也不吃蕃茄酱了，因为他说，通常最肥美的蕃茄是拿来卖的，次等的拿来做蕃茄汁，而最差、最烂的则用来做蕃茄酱），不过，后来因使命使然（若不接手，班家族的数百年基业可能就此终结），加上渐渐认定葡萄酒为他一生志向，最后决定从他父亲手中接下担子。

而班这一生似乎注定和葡萄酒脱离不了关系了，记得有一次，我们看着窗外教堂旁的墓园，他提及他祖先皆长眠于此，我问他身后是否也要与列祖列宗同眠，他竟毫不犹豫地说："不！我才不要，那儿太拥挤了，我死后要埋在葡萄园里，不但可以和我喜爱的葡萄共眠，还可以'躺'拥美丽群山，多好！"

🍂 葡萄酒透露着酿酒师的个性

"我每年都会根据当年的葡萄收成情况，再凭直觉跟经验，同时发挥些许创意和实验精神，找出一两种葡萄来酿制该年特有的 Cuvée（注1），这绝对是仅此一家，别无分号！"

每当在酒窖里望着那一个个洋槐木桶或橡木桶（注2），班总会忍不住多看两眼，因为这些酒桶内躺着的全是他的"旧爱和新欢"，他不但悉心呵护它们，感性的他还很另类，不同于阿尔萨斯的酒多以葡萄品种命名，他会为他的每个宝贝取个诗意浪漫的名字，如旧爱"Larmes de Venus"（维纳斯之泪，属于麦秆酒）（注3）及"Lumière de Feu"（火焰之光），还有新欢"Scheferberg Eternal"（永恒之石）和"La Délicuse"（甜心佳人）等，这些宝贝都是他精心酿制、一手打造出来的，不少旧爱往往一躺就是七八年，可谓十足的睡美人。

虽然这些限量生产的宝贝极其珍贵，不过班却不吝于跟酒中知己分享，有时好友来酒窖品酒，聊到酒酣耳热之际，班就会拿出一个大虹吸管，打开其中一个木桶的瓶塞，将酒吸取出来请好友分享。当被问及其中几款已经陈放于木桶中七八年的宝贝究竟何时才会正式装瓶上市时，班总会略带神秘地说："快了，快了，现在还差一点点，等时机到了自然会上市！"

究竟是差了哪一点？班说，这无法言传，只有他自己最清楚何时是上市的最佳时机。因为这是他费尽心思酿制的独家酒款，差一点点都不行，绝对要以最完美的姿态呈现于世人眼前。

🍂 酿酒艺术家

"酿酒，其实有时是要很随性的，更要有艺术家精神，若过于拘泥于套用公式或拘谨于约定俗成中，格局就会太小，自然无法成大器。"

这是我这两年来观察班酿酒过程所得到的感想。

人往往是酿酒成败与否的最重要因素。

我也才知道，酿酒师不仅得是严谨的科学家，也必须是个随性的艺术家，好比班一样，他喜欢大胆尝试，并常常随兴所至，灵感一来就孤注一掷地酿了下去。

问他是怎么知道哪些品种的葡萄混酿最好，或是怎么知道今年要酿哪几款特别的酒？他总是微笑地说："没有特别的准则呀，就是全凭感觉啰，在采收时我的脑袋就已经开始构思，等到采收完时已经有谱了！"

"那有没有失败或遇到瓶颈？""还好，不能说是失败，若是酿的酒不如预想中那样，我就会再想办法修正，总是会有办法的！"

瞧他讲得倒是轻松潇洒。

的确，班的独家酿造酒款总是让他出师必捷，赢得了不少肯定及奖项，这对他而言的确是种鼓励。虽然他这样做吃力不讨好（每款独家酿造不仅费工、费时，因是限量生产，所以价格又贵，许多客户喜欢却总是下不了决心购买），却是最值得的坚持，因为葡萄酒不仅是他的事业，更能让他从中获得内心的满足和成就感。

"这就是我喜欢葡萄酒的原因，葡萄酒就要这样玩才有趣，你说是不是？"班又以深情目光望着他的宝贝，还不禁这么说着。

"唉，真是一个不可救药的酿酒痴！"我暗想着。

班随兴所至总爱拿个虹吸管取酒给亲朋好友先饮为快。

玛琳达的酿酒笔记本

注1 认识 Cuvée 及 Reservé

喜欢研究酒标的人，应该偶而会在一些酒标上看到 Cuvée 及 Reservé 的字眼，其实质意义不大，较像营销包装的玩意。Cuvée 主要为陈放于特定酒桶内的独家酿制酒，可以是任何名词，如 Cuvée Exceptionne，代表酒庄特定酒，也可以是人名，像 Cuvée Melinda 则为属于我的独家款酒。Reservé 也是指酒庄里特有的限量酒，有点像是 CD 专辑或车款的"精装限定版"或"限量版"，不论是 Cuvée 还是 Reservé，都代表其品质比一般酒还要优质。

注2 尺寸、味道任君挑——葡萄酒桶大公开

传统上，阿尔萨斯用超大型 FOUDRE 橡木桶酿制葡萄酒，容量从 2000 升到 10000 升不等，由于具有透气性，可以让酒桶呼吸，这样酿酒时就会产生不同的进化阶段。波尔多一般采用 2500 升、勃艮第用 2800 升的橡木桶。

另外，新旧橡木桶也会为酒带来不同风味，新桶会有较重的橡木味，因此放进去的酒最好强劲些，才不会被橡木味抢尽风头，反之，想要强调果味的酒最好使用旧桶。

不过不是什么酒都适合存放在橡木桶中，以结构性强、酒体较重的酒最适宜，因为葡萄酒通常需在橡木桶内熟成 18 个月甚至 3 年，通常在前 3 年，木桶可赋予酒最香的气味，之后功效就不太明显，加上木桶会透气，会加速氧化，所以一般最多只会在橡木桶中熟成 3 年。基本上，橡木桶多用于红酒，如勃艮第的部分酒庄会把霞多丽陈放于橡木桶内，使原本较淡的香气变得较复杂。

相较于橡木桶，班较偏爱洋槐木桶，因为它没有橡木桶沉重的橡木味，不会抢走

酒原本的果味与鲜度，反而会为酒注入洋槐的细致花香，很适合阿尔萨斯的白酒，如雷司令等。

许多酒窖也喜欢使用不锈钢桶，因为木桶不装酒的话很容易干掉，清洗困难又占空间，而不锈钢桶的使用及清洗都很方便，所以受到很多酒厂的青睐。不过，因其不透气，在其中熟成的酒无法呼吸，故比较适合存放新鲜的酒款。

注 3 麦秆酒（Straw Wine，法文为 Vin de Paille）

和迟摘酒、冰酒或贵腐酒不同的是，麦秆酒跟采收时间及霉菌都没关系，而是以手工方式将采收的葡萄置放在麦秆搭成的棚架上，用从 10 月到翌年 2 月初约 4 个月的时间晒干，让葡萄渐渐脱干水分而剩下糖分，这样，葡萄甜度就变得相当高，酿出来的自然是香甜无比的美酒。昔日拿破仑在史特拉斯堡品尝当地麦秆酒后即大为惊艳，并赞许不已。

然而，由于麦秆酒制作过程费时又费工，使得这项具有悠久历史的传统酿制法逐渐失传，如今法国仅剩勃艮第的朱哈（Jura）区仍可见到麦秆酒。不过，班自诩为振兴阿尔萨斯麦秆酒的先驱者之一，因为从 1997 年起，他开始尝试酿制麦秆酒，揉合雷司令、格乌兹莱妮、灰皮诺三种葡萄品种酿制而成，那宛若琥珀的色泽透露着其非凡的深度，更具有相当高的醇厚度和无与伦比的冷静度，因此他为这款酒取名为"维纳斯的眼泪"（Les Larmes de Vénus）。

"这真是杰作"，一位法国极为优秀的酿酒师在品尝过后如此赞叹着。此外，他的 2005 年麦秆酒更赢得 2009 年"雷司令世界金牌奖"（Riesling du Monde 2009），评审给了 90/100 的分数，并评价说："色泽金黄亮丽，在鼻尖则有着全然绽放的玫瑰花香，同时融合了熏香及馥郁的香料气息，味蕾上有着复杂的口感，包括木香、蜜糖、丁香、山百合等，融合演化成极具异国气息的果香。"

酿酒是工作更是艺术，需要酿酒师
靠经验与直觉，并根据当年采收状
况去作判断，方能酿出美酒。

自己在家也可酿酒，班大师传授简易秘诀

还记得小时候，爸爸曾试着在家里自酿葡萄酒，当然最后成效如何不言可喻，但我好奇的是，真有可能在家酿出像样的葡萄酒吗？班趁机透露了在家轻松酿酒的方法，有兴趣的人不妨试试看。

白酒自酿法

第一步　选择葡萄

首先选择适合酿酒的葡萄，通常食用葡萄个头较大，最好挑选颗粒小一点的，这样葡萄皮的比例较大，酿出的葡萄酒才能够甜中带酸且果味芳香，此外，籽也最好选择咖啡色而非绿色，因为绿色籽代表过于早熟，品质较不好。而白酒当然最好选白葡萄，记住，买回家的葡萄千万不要洗，否则会把外皮酵母菌冲洗掉！

第二步　榨汁

将整串葡萄一起榨汁，建议加入 20% 的葡萄干，让味道浓郁些。

第三步　静置

将榨出来的葡萄汁于 25℃ 的室温内静置 2 天左右，再装进容器内。由于发酵时会产生许多泡沫，故只需装到 8 分满，注意拴紧盖子以免跑进去过多空气。

第四步　发酵

基本上，葡萄汁 2 天后就会开始发酵，泡沫也开始涌现，这时就要将容器移到 18℃ 左右的地方，因为温度过高会造成发酵太快，让酒缺乏优雅细致的香气和果味，发酵时间为 3～21 天，期间为了让酵母可以接触空气而得以继续发酵，每天都得打开盖子搅拌一两次，每次持续 2 分钟（小心别让苍蝇蚊虫跑进去，以免产生细菌，细菌多过酵母菌时很可能变成葡萄醋）。当气泡消失时，表示已发酵完成，葡萄汁已成为酒精浓度约 13 度的葡萄酒了。

第五步 冷藏

最后，将酒放入冰箱以 0 ~ 10℃温度冷藏 4 ~ 5 天，使杂质沉淀至底部，让酒变得清澈，接着就可以装瓶了（任何瓶子都可以，装瓶时要注意不要让杂质跑进去，因为杂质过多或发酵不完全都可能让酒在瓶内继续发酵而造成瓶身爆炸），装瓶后，一定要将盖子盖紧，于阴冷处置放大约 1 个月后就能喝到自酿葡萄酒了。

自制白酒没加二氧化硫而容易氧化，所以最好趁新鲜饮用，不需陈放太久。如果想要喝较甜的酒，不妨在榨汁后先取些葡萄汁冷冻起来，以免其发酵，之后直接混入酒中喝即可。

红酒自酿法
第一步 选择葡萄

红酒只能选红皮葡萄，不需清洗。

第二步 第一次榨汁和发酵

先去枝梗，即将葡萄一颗颗拔下来再榨汁，不过只需将果皮压破即可，之后连皮带籽一起浸泡发酵，因为它们都是单宁酸的重要来源。

第三步 第二次榨汁和发酵

发酵到第 10 天时就可以进行第二次榨汁了，这次必须完全榨干并去皮、去籽，再使其发酵至发酵完成为止，平均 1 千克葡萄大约可以酿出 70 毫升葡萄酒。

Champagne、Crémant、Sparking Wine

我在内文中提到的酿酒内容，都是以静态酒为主，至于动态酒即为众所皆知的香槟了。除香槟区所生产的称为香槟外，法国其他地区产的叫 Crémant，英语则为 Sparking Wine，至于 Mousseux 则是便宜的日常气泡餐酒。

气泡酒的酿制过程比静态酒更繁复，但正是这种繁复赋予了它无与伦比的魅力，这也是气泡酒一直在葡萄酒市场上历久不衰且拥有无可取代地位的原因。

我这么说实有凭据。你知道吗？班卖得最好的酒不是雷司令，也非格乌兹莱妮，而是 Crémant！除了遵照传统香槟酿造法酿制且品质有保障，价格也只有香槟区的 1/4 外，欧洲人对气泡酒情有独钟也是一大原因，宴客时要来一瓶，结婚或特殊纪念日时也不忘喝一杯，赢了比赛或有值得庆祝的事情时更需要它来助兴，而新年倒计时之夜更少不了它……开瓶时那"啵"的一声激昂了情绪，不断涌现的气泡欢愉了气氛，气泡酒不仅是酒，更成为快乐的代名词。

遵循香槟传统酿制法酿制的气泡酒，需分两次发酵，首先在酒桶内发酵约 6 个月，再装入瓶中继续发酵约 1 年。因为发酵完成后，瓶中会留下许多渣滓，因此，需要将酒瓶口斜插入圆洞中，每天以顺时针或逆时针方向转 90 度，让渣滓渐渐向瓶口处集中。转瓶动作要敏捷，腕力跟臂力也要够，两手同时各转一瓶。班的转瓶速度也让我大为惊叹，往往我才转了 10 来瓶，他就转了上百瓶。他说，他平均 6 分钟可以转上千瓶！但手工转瓶耗时耗力，所以很多大型香槟区酒厂都采用机器转瓶。

当所有渣滓全部集中于瓶口处时，需将约 2 厘米的渣滓以特殊急速冷冻机器除去，而这 2 厘米空间则以果糖（果糖多寡视酿酒师要的是不甜还是甜的气泡酒而定）及葡萄烈酒来代替，最后加上气泡酒特有的软木塞及铁环即大功告成。一些劣质的气泡酒或日常餐酒则会省略瓶中发酵这一步骤，改像制造可乐一样直接将二氧化碳打入瓶中，以此产生碳酸气泡。

气泡酒需要转瓶以清除瓶内渣滓。

葡萄酒是瓶装的诗意
阅读可以为葡萄酒加分？

黄素玉｜台北阅读记

　　酿酒，虽然有一定的公式可循，却没有绝对的准则可以保证让人酿出一瓶好酒；阅读，虽然只是用眼睛去看、去理解，牵动的却是潜伏在脑海里的所有理性与感性记忆，因此，书读得越多、输入与输出的知识越丰富、储存与召唤出来的感官印象越精彩，也一样不能保证你将越懂得如何去品酒。

许多人在走进葡萄酒大门的初期，都会通过阅读来自我提升，我也不例外。我拜读了一些名人的专业书籍，觉得累了，就去看比较轻松的漫画（注1），读到一些特殊的人、事、物，比如传奇人物罗伯特·帕克（Robert Parker，全世界影响力最深远的酒评家之一）（注2）所创的百分评量表时，也会好奇地上网去搜寻并找相关书籍阅读。一段时间后，才多少拥有了一些基本功，在喝酒时才不会犯一些贻笑大方的错误，在聊酒经时不至于鸭子听雷——回应得太过心虚。

用心求证所读的资讯

然而，有时候我发觉有些理论似是而非、有些说法太过武断、有些建议听来奇怪，更何况网络上抄来抄去的文章漏洞百出，读得越多，疑问就越多，所以我不断地在 MSN 上向你家的班提问，也经常通过自己实际采访、品饮的过程来印证读到的所有资讯。

于是，我从阅读中学习到的心得是：葡萄酒的世界是一个庞大复杂的有机体，里面有一定的规则，却也有不少的例外，想要了解相关的规则，最好是勤读书、勤上网、勤记忆，才能够掌握个大概，至于例外的情形，则必须靠自己去多问、多喝，才不会人云亦云，才可能累积足够的经验来判断，才可能有这样的机缘与"意外的惊喜"相遇，进而，让自己的眼界大开。

用情感来为酒加味

记得有一本书中提到，罗伯特·帕克很喜欢摄影，但他虽然经常拜访欧美各个酒乡，却从来没有拍过一张葡萄园或酒庄的照片，因为他觉得葡萄酒的重点是瓶内盛装的液体，其他都不具任何意义。

也许我真的是普通人吧，我反而觉得瓶内盛装的液体只是结果，而成就一瓶酒的过程更有趣。所以，相对于那些必须用力"啃"的书，我更爱阅读介绍酒乡人、事、物的文章，喜欢看人物、风景、酒窖、酒标等的照片，因为这些文字和图片可以激发我的想象，让其中的故事幻化为脑海里鲜活的声光影像，有气味、有温度、有情节，让"风土条件"不再只是硬邦邦的说法，而是可以流进嘴里、透过感官来"阅读"的资讯，让我在喝酒时更有"旅行"的感觉，还多了一种看世界的角度。

我完全赞成你说的，葡萄酒的确具有灵魂，而酒农及酿酒师，正是那赋予葡萄酒灵魂深度的元神，即葡萄酒三元素"天地人"中的"人"。

当我读到你的酿酒记时，好像看到你正好奇地围在班的身旁问东问西，好像感觉到酒窖的阴冷、听到酒发酵时传来的咕噜咕噜声，好像闻到扑鼻而来的酒香，哈，等我有机会品尝到班酿的酒时，我想，这些因为读了你的文章所引发出来的感觉，绝对会让你家的酒加分、加味。

一瓶有故事的酒，喝起来更有感觉，更好喝。

黄素玉的阅读笔记本

注 1 葡萄酒相关的漫画

《神之雫》：亚树直著、冲本秀绘。这本日本漫画，在日本、韩国、中国香港、中国台湾等地的葡萄酒爱好者心里，可以说是趣味版的葡萄酒圣经，不但成为许多爱酒人的精神食粮、供酒餐厅的必备藏书，更是许多进口葡萄酒业者的参考书，就连向来以葡萄酒王国自称的法国，也在 2008 年出版了该书的法文版。

注 2 罗伯特·帕克（Robert M. Parker）

从 1980 年直到现在，不管是尊敬他为葡萄酒教父的族群，或者不赞同他甚至极端厌恶他的人都无法否认：出生于 1947 年、从小喝可口可乐长大的罗伯特·帕克是葡萄酒世界中最具全球知名度的人士之一。

1977 年帕克和好友发行了《葡萄酒代言人》（Wine Spectator，创刊号原名为巴尔的摩——华盛顿之葡萄酒代言人 The Baltimore-Washington Wine Advocate），并开创了众所皆知的百分评量表：每一瓶酒都有基本出席分 50 分，

葡萄酒相关的漫画图书。

接着是颜色与外观占 5 分、香气占 15 分、味道与余韵占 20 分、整体表现与陈年潜力占 10 分。

说起他的崛起，必须提到 1982 年，他在波尔多新酒品尝会上遇到了心目中的世纪佳酿，在诸多知名品酒人不看好的情况下，还是独排众议并大胆预言："完美的 1982 年，部分产品终将成为本世纪最好的葡萄酒。"

所谓波尔多新酒，指的是还在橡木桶蕴酿培养而尚未熟成、装瓶的酒，一般来说，此时的酒因为太年轻了，口感粗糙、单宁过重、酸涩到难以下咽，但是 1982 年却非常不一样，酒精含量虽高、口感却颇为醇厚，虽有恼人的单宁，却带有多样的果香。但，正是因为不一样，许多人持不一样的看法，就连当地酒庄主人都不能百分百确定在经过陈放后，该年份的酒会越来越好。

帕克对自己的判断相当自信，事后证明，他是对的，于是，他终于等到了人生最重要的契机，不但让刊物的订量暴增，让信他的人（包括酒庄、进口商，以及消费者）海捞一笔，更让自己成为葡萄酒国度的一方之霸，从此名利双收。

喜欢他的人，是因为百分表一目了然，试酒笔记的用语直截了当，不需要硬生生地去背诵各种产区、酒庄名称、年份好坏，只要参考他的评分，再掂掂自己的荷包，就可以轻松地买到一瓶不错的酒；追随他的业者则因为有利可图，只要查得到 Wine Spectator（WS）、帕克给的评分，并且分数还不错时，就一定会刻意地在各种酒类刊物、资讯、酒款目录里附上（WS）的标记，分数越高，标示得越是明显。只是，这种唯他马首是瞻的结果，有时却也造成了"帕克评分 90 分以下的酒，没人买；90 分以上的酒，买不起或买不到"的特殊现象。

当然讨厌他的人也不少，有人觉得他的百分评量表太过粗糙，忽略了一瓶酒背后的文化、历史传承，以及人的故事；有人觉得他是造成葡萄酒口味全球化的元凶，因为他的权势越是高涨、越多人跟随，对葡萄酒市场的影响力越不容轻视，让酒庄在酿酒时越是无法坚持各自的特色，只能越来越投其所好，于是，不同国家、地区、酒庄所酿的酒竟然都像帕克偏爱的样子：深浓色泽、丰富的果香与厚重的口感。

　　直至现今，关于他的评价还是正反都有、壁垒分明，但不可讳言的是，一般人唯一记住的世纪佳酿就是 1982 年的波尔多，而置身葡萄酒国度的人，就算不赞成他，却无法完全地漠视他，就连法国知名酒庄的主人再不屑他，遇到自家产品被他评为低分时，都要或急或气得跳脚了。

★罗伯特·帕克的网站：http://www.winespectator.com/

葡萄园对话

玛琳达 班 素玉

班

玛琳达

素玉

玛琳达："葡萄酒定义为何？"

班："根据法国法令规定，所谓葡萄酒，一定是由百分之百的葡萄原汁酿制而成，同时禁止使用酒精、香精、糖精等添加剂来进行勾兑，不过，据我所知，部分新世界如美国的规定较宽松，允许酒农在葡萄原汁中添加 10% 的水酿制葡萄酒。"

素玉："严禁加糖精，那加糖呢？我听说有些国家、地区允许添加糖分？"

班："新世界国家允许加糖，至于法国，应该这么说，当遇上歉收年份时，若葡萄中的糖分太低，如只有 9 度的话，法令会允许北部如阿尔萨斯产区的酒农加糖，这就好像允许南部酒农添加果酸一样，不过仅限添加于发酵前的葡萄原汁中，严禁于发酵后成为葡萄酒时加，而且添加剂量也有限制，只能加 0.5 ～ 1 度。"

玛琳达："那白酒一定是白葡萄、红酒一定是红葡萄酿制的吗？"

班："不少人错认为白酒是白葡萄去皮去籽、而红酒为红葡萄连皮带籽酿制而成的，实际上，白酒跟葡萄颜色无关，可以是白或红葡萄，做法是将采收下来的整颗葡萄连皮带籽立刻榨汁，再用所得的汁液来发酵酿酒，像是香槟中最常见的黑中白（Blanc de Noir），就是以白葡萄霞多丽为主，加上去皮的红葡萄黑皮诺、莫尼耶比诺混酿而成，另外，也有酒农将红葡萄直接榨汁酿成白酒，不过多少沾染了一点皮色，故酒色要比一般白葡萄酿的白酒还要深，有时还会带点淡淡的粉色或橘色。至于红酒，则是由红葡萄连皮带籽先浸泡发酵 3 ~ 21 天，待其释放出单宁及红色素后再榨汁酿制。"

玛琳达："Blanc de Noir 中文译为'黑中白'，另外一种是 Blanc de Blanc 中文译为'白中白'香槟，用的就是百分百的白葡萄品种霞多丽，但相对比较少见，通常会在酒标上特别标示出来。我也曾喝过黑皮诺酿制的白酒，不过，我个人认为，黑皮诺酿制的白酒无论口感和香气都没有酿制的红酒来得香醇浓郁。"

素玉："的确，我在有些书上读到不少似是而非的说法，听你们一讲才了解，两者用的都是整颗葡萄，最大的差别在于红酒是先浸泡发酵后再榨汁、白酒是先榨汁后再发酵。因为葡萄皮及籽含有丰富的单宁，相较而言，预先经过浸泡过的红酒单宁多些，直接榨汁的白酒单宁少些。单宁具有涩味及让酒耐久存的功能，其涩味不但会和果糖的甜和果酸的酸相互作用，还会随着时间而不断地产生变化，创造出独特而立体的口感。"

素玉："我记得好像读过一些报道，酿制红酒时，有时若怕单宁不足，有人甚至会添加一些葡萄的枝梗下去酿酒，是真的吗？"

班："据我所知，的确有些酒庄如隆河地区，他们会连枝梗一起酿酒，不过

80% 以上的酒农会把枝梗去掉，只剩葡萄粒，否则酿出来的酒单宁会太重，口感会太涩，不是一般人所能接受的，像我在采收黑皮诺后，会先用一种专门机器将所有枝梗去掉，再浸泡。"

玛琳达："提到红酒让我想到，红酒也可像白酒一样做甜酒吗？"

班："一些特殊的品种是可以的，像是隆河地区或意大利某些区生产的甜红酒。甜红酒酿制方法一则因采收时糖分过高，所以发酵完成后难免会有剩余糖分，另一种方法则是发酵到一半时强迫停止发酵，如此自然会有剩余糖分，口感较甜，不过相对酒精成分会较低。"

素玉："你喝过甜的红酒吗？"

玛琳达："真巧！白天才问班这个问题，晚上竟因缘际会地尝到了意大利的甜红酒，酒精成分果然较低，仅有 8%，甜甜的红酒，对我来说就像是喝到咸的果汁一样'怪'，还真不太习惯。"

玛琳达："天热时我喜欢喝冰凉的粉红酒，不管是色泽还是口感都很清爽，不过粉红酒是怎么酿成的？是红酒和白酒混合而成的吗？为何有些不是粉红色而是橘色？"

班："别的国家或许有可能以红白酒相混制成粉红酒，不过法国可不准红白酒混成粉红酒出售。粉红酒的基本酿法有 3 种，一是将红葡萄直接先行榨汁，可以得到色泽清晰的粉红酒；另一种是采用连皮浸泡的方法，从 3 小时到 3 天不等，需要看颜色而定，若想要较深的粉红酒，那浸泡时间越久，单宁也越高，像我的粉红酒就会浸泡 3 天，颜色已接近红色；最后一种是酿制红酒时，在第 1 天或 3 天内取出部分酒汁作粉红酒，由于酒汁变少，葡萄皮分毫未少地仍在发酵，因此剩余红酒的颜色会更深，而有些因浸泡时间太短，颜色就变成了橘色，有时则是因品种不同会有色差，而粉红酒的酒精成分较低，大约 10 度，比较清淡，所以许多女生都很爱喝。"

素玉："还有一些卖相很好的粉红香槟，就是用较多量的黑皮诺、略少量的霞多丽，以及一点点莫尼耶比诺，再添加少许红葡萄酒酿制而成的。"

玛琳达："我想除了酒精和甜度原因外，粉红色看起来就很浪漫、梦幻，难怪会成为许多女人的最爱！"

素玉："听说，还有黄色的葡萄酒？"

玛琳达："我知道在法国勃艮第附近的朱哈区，有一款全世界独一无二的黄葡萄酒（Vin Jaune），这可不是中国的黄酒哟，至于色泽为何如此金黄？我想班比较清楚。"

班："黄葡萄酒采用莎瓦涅（Savagnin）白葡萄品种所酿造，通常要到 10 月底，果实更为成熟甜美时才会采收，之后放进橡木桶里储存 6 年以上，除这种葡萄的颜色本身就偏黄外，还有不'添桶'的特殊做法，让它的酒液呈现出有别于一般白酒的黄色。

"所谓'添桶'，指的是葡萄酒在橡木桶内熟成时，因为橡木桶具有透气性，一段时间下来，酒精难免会挥发流失，为了避免酒因接触空气面积过大，加速氧化而变质，每隔一段时间就必须补上流失掉的酒。但莎瓦涅拥有特殊的酵母菌，可以让液面上产生一层薄膜（又称酒花或酒花，学名为 Saccharomyces cerevisiae），能有效降低酒与空气的接触率，因此并不会刻意进行补酒的程序。虽说如此，酒液还是会慢慢挥发，最后甚至会流失掉约 1/3，即 100 公升的酒仅剩下约 62 公升，因此，酒精越少，葡萄本身颜色就越显著，加上橡木的影响，让这款酒变成了金黄色。"

"除酿制法不同外，黄葡萄酒所使用的克拉芙兰（Clavelin）瓶，也有别于一般 0.75 升的瓶，为 0.62 升。黄葡萄酒的口感复杂集中，有坚果、蜜蜂、核桃、烤焦面包和香草味，非常适合陈放，价格当然不便宜，是一般葡萄酒的 3 倍以上。"

玛琳达："我曾在品酒会中品尝过黄葡萄酒，其特殊的口感、浓郁强烈的酒体，的确令人印象深刻，不过，或许我个人偏爱清新果香的甜白酒，黄葡萄酒对我来说口感稍重了些！"

- -

素玉："除了黄葡萄酒外，还有什么特殊的葡萄酒吗？"

班："听过半发酵酒吗？它可是要比博若莱还要早上市出售的葡萄酒哦！所谓半发酵酒，即发酵到一半的酒，不过一般取的是白酒，在阿尔萨斯及德国，半发酵酒多数为希瓦娜白酒，红酒则因此时还很苦涩故较少见，酒精度大约只有一般酒的一半，即 4～7 度，成分为半汁半酒，因为未经过滤，颜色混浊，不过低酒精度加上仍有 5～6 度的剩余糖分而带些甜味，所以拥有不少粉丝，这种酒多半是在采收季节后的 10～11 月中旬才喝得到，故又称为'季节限定酒'。每逢这段时间，经常可以见到许多人提着桶子到酒窖里买半发酵酒回家品尝，不过，并非所有酒窖都可以出售这种酒，必须领有执照的酒庄里才能供应，因为在法国，酒农不管卖什么都要执照，即使出售葡萄汁也需要有执照。采收期间，如果在酒庄门外看见挂着'Vente Jus de Raisin'的招牌，就表示这家酒庄可以合法地出售新鲜且百分百的葡萄原汁。

玛琳达："我曾经多次在自家酒窖中尝过这种酒，不过只在德国餐厅喝过一次。特别提醒的是，喝半发酵酒得小心两件事情，一是因这酒尚在发酵中，也就是说其中仍含有二氧化碳，就像气泡酒一样，不要喝太多，否则会消化不良，另外，因酒中仍有许多活酵母菌，喝多了的话小心会一直跑厕所哦！"

- -

素玉："据我所知，酿酒时酒中含有许多酵母菌和杂质，要如何去除杂质使酒干净透明？"

班："传统的做法，通常是以滤纸及硅藻碎粒来滤净酒中的杂质，大公司则用大型机器，用离心过滤法来过滤，这样虽然可以去除较多杂质和死酵母菌，不过相对的，酒的成分也会流失不少；至于红酒，有时会放入蛋白来过滤，这种做法会使单宁变得柔和些，此时酒标上就必须标示出来，提醒蛋白过敏体质者慎用。"

"由于所有过滤方式难免都会让酒中部分成分流失掉，减损其丰富度，因此，有些酒农会刻意使用较大洞孔来过滤，但又会让酒中杂质变得过多，甚至造成瓶内二度发酵的疑虑。"

第三章

品酒课VS.品酒会

我的法文品酒课
妈妈，你怎么没给我生个灵敏的狗鼻子？

玛琳达 | 阿尔萨斯品酒课

　　带着6个品酒专用酒杯和一颗惶恐的心，我打开了品酒课教室的大门，里面坐着十来位学生，和看来颇为"爱因斯坦"的老师，桌前则摆满了水瓶及酒瓶，大家看到我这东方女子，不经意地露出些许惊讶的表情，我挑了一个角落坐了下来，这是我的第一堂品酒课。

　　两年来，因地利之便，我喝了许多葡萄品种酿的酒，也喝了各种来自新旧世界五花八门的酒款，红酒、白酒、粉红酒、气泡酒、新酒、老酒、有机酒，甚至包括二次世界大战时留下来的红酒，其中最让我印象深刻的则是黑皮诺，每次品尝都会为那充满红色浆果味的气息、圆润而不涩的单宁酸，以及在喉间久久萦绕不散的深长尾韵深深着迷。

　　当然，我也开始正式接触所谓的"品酒"功夫，没想到越学越觉不足，总觉得喝酒容易，品酒却难。不过，渐渐地我开始抓住一些诀窍，并发现品酒其实并没有想象中的困难，并非我功力突飞猛进，其中缘由待我慢慢为你揭晓。

🍁 带着酒杯上课去

　　还记得那是秋末的某天下午，班如常拆阅着当天的信件，其中一封是CIVA（阿尔萨斯葡萄酒协会）每月固定寄给酒农们的会讯，他看了看便随手搁在一旁，我闲来无事便拿起来看了看，一则品酒课程招生启事吸引了我，上面写着一月底开课，为期3个月，共12堂课程，分为初、中、高三个等级，价格为250欧元。其中初级班的课程内容包括认识葡萄酒、阿尔萨斯葡萄品种、品酒入门等。经班解释我才知道这是专为从事葡萄酒相关行业者量身打造的课程，课程结束后，可参加由 CIVA 主办的品酒资格鉴定，通过者可获得证书并晋级，如果一路过关斩将通过高级鉴定考试，那么就可以成为葡萄酒专业人士。

听班这么说，我来了兴趣，本来嘛，深入宝山怎可空手而返？我本来就想在品酒方面增长见识，这专为业界人士开设的入门课程不啻为天赐良机，让我得以在法国酒乡学习正统的品酒功夫，于是催促班帮我报名。等报名后，心中却浮现许多问号，"我行吗？""我法文不好，又不懂酒，怎么跟人家学品酒？""万一老师问我，我却一问三不知，岂不是很丢脸？""万一考试没通过怎么办？"太多的问号使我越来越退却。

喝水喝出大学问

"品酒"，对我而言曾是个陌生的字眼，勉强触着了边，也不过是拿上一两瓶好酒和几款相配的奶酪，找上几位好友共享。那时我们喜欢一边喝酒，一边对酒"品头论足"一番，不过多半只是蜻蜓点水，后来，对葡萄酒产生兴趣的我，才开始涉猎品酒这玩意，并且购买了许多相关书籍，当然也包括号称"葡萄酒圣经"的日本连环漫画《神之雫》。

然而，对我这初入门的葡萄酒新生来说，书中许多专有名词已是诘屈聱牙、深奥难懂，许多形容词更是只能凭空想象，何况这次上的还是讲法文的品酒课（当时我的法文程度尚停留在幼儿园程度），一则语言不通，二则为品酒外行人，这双重困难让我手足无措。

开始课程前夕，为了让我不怯场，班这么跟我说："别担心啦，就当去上品酒课跟法文课，一举两得，岂不是赚到了？而且，我以前也去上过他们的品酒课，很简单，反正就从喝水开始！"

从喝水开始？他讲得一派轻松，我倒是很纳闷。

没想到，品酒的第一堂课果真是从"喝水"开始。"喝水"乍听起来好像很简单，不过就是喝水嘛！然而，当老师分别为我们倒上 5 杯水，并要我们喝喝看有什么不同时，我才恍然领悟其中道理。这些看似澄澈通透的水，分别加了少许（一升水中仅放 5 克）盐、糖、柠檬、铁，我们要从这极微小的差异中，观其色、闻其气及尝其味而辨之，这是训练视觉、嗅觉及味觉的基础功夫，而品酒正需要如此敏锐的感官。

　　接下来的 12 堂课，我们除了继续喝水外，还认识了葡萄酒发酵过程中会出什么状况、会造成怎样的问题酒，另外还逐一认识了阿尔萨斯的主要葡萄品种（注 1）及其酿制的酒，同时也按部就班地学习如何品酒，如何不断地从一杯杯盲饮（注 2）中辨别葡萄品种、干甜、年份、试饮期、适搭的菜肴和价格等，如何用精确且完整的语言做酒评。

🍃品酒第一步——外观

　　品酒第一步骤就是要会察"颜"观色。先从外观（包括色泽、眼泪、酒缘）开始，若想看得更清楚，可以拿一张白纸做背景，或在灯光下察看。

　　一开始，大家仅能说出"黄色"、"红色"等简单字汇，"是呀，"我心里想，"白酒怎么看都是黄色（我一直很好奇为何不叫黄酒，而是白酒），而红酒不就是红色嘛！"

　　不过，渐渐地，我们开始学用更多的词汇来形容。其实依年份及品种，白酒的黄可分为许多层次，包括"苍白黄"、"淡黄"、"亮黄"、"金黄"、"橙黄"、"琥珀黄"，红酒则有"粉红"、"淡红"、"橘红"、"血红"、"浅紫红"、"深紫红"、"琥珀红"等。除了酒色之外，还得依清浊度（较常适用于白酒）再细分为"混浊"、"清楚"、"透澈"及"明亮"。

那缓缓流下的眼泪

再来就是要摇晃酒杯了，这样做除了让酒接触空气、使香气散发出来外，还可以以此观察酒的眼泪。一般来说，只要稍微摇晃酒杯，就能看见透明的液体沿着杯壁流下。法国人称其为"眼泪"，台湾则称之为"美人腿"。不管是泪还是腿，若见其流下来速度缓慢，即表示酒体较"厚"、年份较久，反之，若流下来的速度过快，或一滴眼泪也没有，表明这酒没历经世事沧桑，太年轻了些，酒体也过轻，恐尚未到达适饮期。

那薄薄的一圈

另外，酒体浑厚与否也可从酒缘观察出来。所谓"酒缘"，即将酒杯倾斜后，介于酒体于酒杯之间的薄薄一圈，对白酒来说，酒缘颜色越深、酒体越厚，而红酒则是颜色越浅、酒体越厚。一般来说，酒体越厚者、年份也较久。总而言之，从酒色、眼泪及酒缘，可以大略窥出该酒是否上了年纪、酒体厚实与否。

🍃 品酒第二步——香气

品酒第二步即为分辨香气。果香及花香为葡萄酒的主要香气基调，另外，依葡萄品种、生长地质、发酵过程及陈放环境等，还可能产生蜜饯、蜂蜜、焦糖、可可、芬多精、蕈菇、麝香、胡椒、香料、烟熏、矿物、石油、皮革、橡木、烤面包、松脂等气味，不一而足，细分来至少有百种，多样复杂，这正是品酒的有趣之处。

闻香最好不过三

之前所谈的是外观，所谓"眼见为凭"，依据亲眼所见来评论倒也不难，然而第二阶段的嗅觉训练可真是难倒我了！因为，对于初学者如我而言，要从其中找出符合以上所述的气味，真是一大考验。

欲闻香气，酒仅需倒 1/3 杯即可，先以旋转方式摇晃酒杯，使香气散发出来，再拿起酒杯呈 45 度角，这样酒接触空气的界面最大，接着把鼻子凑进酒杯里闻（这一点我可要抗议了，外国人本就鼻子瘦长，很容易伸进杯中闻个仔细，而天生大蒜鼻如我，却有隔靴搔痒之感，总觉得闻不出个究竟），再从中一一抽离出各种不同的香味形容之。

通常我们会先闻一次，脑海中开始浮现其香气之原生景象，此时说出第一嗅觉感，这是对酒的第一印象；接着再摇晃酒杯，并叙述第二嗅觉感，此时因酒接触较多的空气，香气更加绽开，且更为复杂了。为了确定香气为何，我们总爱不断地闻香，企图嗅出个所以然，不过，我们的老师可不赞同这么做，他说："闻太多次其实会造成嗅觉麻痹，也会错乱原有的想法，因为第一嗅觉往往就是最真实的感受，不需过度闻香借以寻找一堆无用砌词。"故开课之初，当大家结结巴巴、支吾其词时，他就常说："闻不出来就说闻不出，有些酒就是没啥香味呀，若要硬掰且掰得离谱，那比坦言闻不出来还惨！"

WINE

想当品酒家？先当果农吧！

　　不知道老师此番话是否安慰之语，不过我必须承认，我并没有漫画《神之雫》中神咲雫那般灵敏的狗鼻子及丰富的想象力。再者，我自认不是天生的水果妹，虽生于号称"水果王国"的台湾，也尝遍百果，但多为亚热带水果，一些常见水果，如苹果、水蜜桃、西洋梨、柑橘、樱桃、柠檬、葡萄柚、哈密瓜等，我还能大致分辨其香气，但对于欧洲许多寒带果实却是素昧平生，如无花果、洋李、布拉斯李、榅桲及各种浆果（如黑醋栗、覆盆子、红莓、树莓、黑莓、蓝莓等），这些水果我见也没见过，闻也没闻过，却要我这个来自亚洲的城市乡巴佬儿硬辦出词来形容香气，难度实在太高。当然，这些老外偶尔也会用荔枝、香蕉、菠萝、百香果、芒果等字眼，但终究是少数，尤有甚之，经常用一句"热带水果"带过。

　　形容香气的字眼，当然是以西方人的观点出发。但我也常常在想，为何没人用西瓜、番石榴、杨桃、龙眼、榴莲、火龙果、金橘，甚至年糕（不知为何，我竟在许多款酒中闻到"年糕"和"发糕"般的杳甜气味，是嘴馋了还是想家了？不过后来我才在无意中知道，那宛若年糕的味道竟是香草的气味，且多出现在黑皮诺中）来形容酒的香气呢？

水果熟度有三种

　　就算可以洋洋洒洒以不同果香形容之，却还不够精准，因为水果熟度大略分为三种，分别代表酒的年份及特色，包括：生涩平淡的未熟果，通常泛指较年轻或单宁较重的酒；爽口香甜的熟成果，以处在适饮期或单宁柔顺的酒为主；甜蜜馥郁的过熟果，多指甜分较高的酒。

🍃 品酒第三步——味道

经过视觉及嗅觉训练后，接下来的第三关就是味觉大考验，也是真正和美酒进行亲密的"肉体"接触。先轻啜一小口酒，接着以漱口方式咕噜咕噜地让酒液在嘴里四窜，从舌尖到舌根，再蔓延到喉间，最后入喉。而这美妙的感官体验，从喉间沿着鼻腔，缭绕升华至脑门，或化成文字或影像，或仅仅发出"啊"的赞叹之声，为这段品酒之旅写下句点。

宛若微风般的吹拂

和嗅觉训练一样，老师要我们分两个阶段来形容味觉，第一阶段为舌头的口感（premiere en bouche），第二阶段为喉间（即上颚）的口感。酒甫一入口，会立即感受到酒对舌尖味蕾的冲击（法文称作"attaque"），是如微风般轻柔吹拂，还是如狂风般强烈吹袭？通常，若如前者般的轻柔吹拂，意指该酒的酸度适中，温和顺口，没有苦涩的不安感。酸度为酒最重要的本质之一，发酵过程中，其果酸会阶段性转化成酒石酸（注3）、苹果酸和乳酸。

记得以前学过，人的舌头神经分布细密，其中舌尖主感甜味，而舌头两侧神经则接收酸味。当然酸度也分许多种，老师要求我们不能仅以"酸"一言蔽之，而要试着说出像何种酸（柠檬酸、柑橘酸、醋酸等），该酸度在嘴里的感受（微酸、酸或酸涩），以及变化过程如何（是如微风般渐渐在嘴里散开，还是酸到两颊发麻），都需要着墨清楚。

好酒如一场成功的演奏会

成功的第一次接触时，有经验者可立刻判断出该酒的酸、甜、涩味，还有平衡感（equilibre，意即酒中的酸度、涩度与甜度均衡与否）、复杂度（complex，口感有层次与否）、特质（qualité，优雅、细致、圆润、柔顺与否）、结构（charpenté，酒体的厚薄及完整与否）。至于上颚的第二接触感，则得好好感受一下酒在口中的微妙变化：酒的味觉停留时间长或短？有没有足够的喉韵（after

班亲自示范品酒最重要的功夫——观其色、闻其香和品其味。

taste）？最后的尾韵（finish）又如何，是悠长、适中还是短促？说白点，就是是否有种令人齿颊留香的感觉。

在我看来，品尝一瓶好酒就如聆听一场成功的演奏会，其演奏如行云流水，其间高潮迭起，绝无冷场，而结尾的最高潮更是撼动人心，令人忍不住高喊"安可"，当演唱会画下完美句点后，余音依旧绕梁三日不绝，让人回味不已。

🍁 为赋新词强说愁

瞧我说得多么洋洋洒洒，不过，上了几次品酒课程后，我还真是挺泄气的，尽管我曾鬻文为生，品酒时竟说不出个所以然，更遑论从嘴里蹦出那些专家们和书上常用的丰富词藻。想我就算有能耐将所有专有名词硬背下来，但真正开始品酒时，却常常搞不清楚究竟有哪些香气，及个中的微妙差异，顶多能分辨好不好喝、顺不顺口、涩不涩，是干是甜及香不香，如是而已。顶多"东施效颦"那些专业品酒家那般摇头晃脑，再加上那种"为赋新词强说愁"的若有所思表情，时而抬头望酒杯，时而低头思用词，其实脑中经常一片空白，只是在想自己待会儿该说什么"贴切"的形容词才不会丢脸。

"或许我天生嗅觉及味觉比较迟钝吧！"我只能这么认为。

品酒终究不是一句"好喝"或"很棒"就能了事，也非随便编派华丽词藻敷衍，我反复思考，为何每次在课堂上试着评论酒时会如此心虚？我心知肚明非语言问题，突然间悟出其中缘由，原来之前硬从我嘴里冒出的字句并不是我自己的。那些都不是我的亲身体验，是专家或别人的语言及感受，只因所学不足，只因害怕丢脸，我强迫自己依样画葫芦，硬把别人的评语囫囵吞枣，就好像小孩硬要穿上大人的鞋，走起路来当然会摇摇晃晃，掌握不好方向，也分不清东南西北！

有了这样的反省后，我了解到应该要用自己的感官体验，从自我经验中找出自己的语言，以最真切的感受表达出来，诚如品酒老师所说，"其实品酒是很主观的，你喜欢的别人不一定喜欢，反之亦然，没有所谓的错与对。"

临阵磨枪不亮也光？

任督二脉虽然已打通，不过让我品酒"功力"像波比吃波菜、马里奥吃蘑菇般瞬间大增的原因，除了顿悟之外，还得归功于班的考前恶补。大约从考前一个月开始，我即不断暗示班，表达我天生资质鲁钝，考试一定不会过关之意。为了让我重拾信心，他开始帮我恶补，先从"盲饮"着手，把6杯酒（阿尔萨斯六种主要白葡萄品种，当然红色的黑皮诺除外）一字排开在我眼前，我得靠着色香味一一分辨出葡萄品种，这在品酒课上也训练过多次，不过总是抓不住诀窍，多半时间只能用猜的。不过现在，班会指出我在盲饮过程中所犯的错误，还会仔细对我解说不同葡萄品种酿出的酒会有何特色及差异。

"要辨色当然得先对葡萄'长相'有所了解，若是年份差不多且正常时候采收的葡萄品种，酿出来的酒颜色就有差别，你瞧，雷司令色泽亮黄漂亮，格乌兹莱妮和灰皮诺因为皮色较深，酒色自然也比较深，呈琥珀般的金黄色"。因为我经常将雷司令和希瓦娜搞混，班索性把这两杯酒端在我跟前，要我一试再试，并找出其中异同，"你闻闻看，同样都有果香味，可是雷司令就比较浓，只要深深吸一口，那香气就会一直穿过鼻腔弥漫到大脑里去，不过希瓦娜虽然也清香，但那香气好像只到鼻腔就戛然而止，对不对？"

另外，我也时常被希瓦娜和白皮诺打败，班告诉我："希瓦娜和白皮诺虽然都是酒体较轻的酒，香气及味道都有淡淡果香味，但两者最大的差异就是白皮诺略带有一丝蕈菇和香料味。"

🍃 闭上眼聆听葡萄的声音

尽管班试着用最深入浅出的语言让我了解，偶而我还是会有小小的抗议："说得很简单，不过有时脑袋就是会打结，就是会搞混！"班了解我的心急，于是要我把酒放下，说："现在闭上眼睛，想想在葡萄园里采收时的景象，记不记得那一串串葡萄在你手中的模样？记不记得你把它们捧起来闻时的香气？记不记得你随手摘来吃时的那股甜味？很多品酒者没有像你这么幸运，可以亲身到葡萄园体验那最初的美好，所以你更要用心去聆听葡萄的声音。"

仿佛一语惊醒梦中人，我不再自怨自艾，就在一次次的盲饮中，我和这些酒渐渐产生了感觉和共鸣，在错误中学习的我，从一开始靠"猜"到后来能正确指出每款酒的葡萄品种，除了用感官，诚如班所说，更需要用"心"体会每种酒的特质，体会那些不易察觉的细微之处。

🍃 酒评一杯决胜负

让我感到头大的还有酒评这一项，对一般考生来说，酒评会碰到的两大难题（我是外加"法文"共3个），一是不比盲饮时共有6杯酒，若真不知道还可以用猜、比较法或排除法（反正总有瞎猫碰到死耗子的时候），然而酒评是就一杯酒摆在眼前，没其他可比较的，你得当机立断正确辨别出品种，想想看，如果明明是雷司令你却误认为是格乌兹莱妮（这两者实在差别很大），就算你能滔滔不绝地说得天花乱坠，我想如此指鹿为马，评审也不会让你轻易过关吧，所以这可真是"一杯决胜负"；二是接受评审老师"大拷问"，除了完整说明你对该酒的感觉及评语，还得回答评审的各种问题，如"你觉得这款酒的最大特点是什么？它可以搭配什么样的菜肴？"

一开始，尽管一堆影像及文字在我脑中盘旋，然而那巨大的害怕感堵塞了我的所有思绪及语言，我拿着酒杯与班相对无言半响，他猛摇头说："这可不行！先治好你那要命的考前症候群，真不会用法文表达就用英文吧！我想评审多少都听得懂的，最重要的是要用你自己的感受来表达，不要因为害怕犯错或失败就不敢说。"

酒评时，必须正确辨别出葡萄的品种，并且
回答评审的各种提问。

那是班首次"聆听"我的酒评，他"惊讶中略带失望"的表情让我感到不安，"自己说话时都没有自信的话，怎么期待评审会相信你呢？"我的魔鬼教练展现了威力，经过反复训练下，从"不行，不行，再来一次"一直到"嗯，还不错，但可以再好些"，到最后，我那英法夹杂的酒评总算让班点了头："我想你已经准备好了！"

🌿 终于要"赴京赶考"

"别担心啦，考试一点都不难，基本上不要差太多就可以了，当年我考试时刚好感冒鼻塞，闻不太出来什么酒款，但还是过关啦！"

临考之前，班又企图以轻松语气安抚紧张焦躁的我，还为我猛打强心针："考试通过当然值得高兴，不过不管你会不会通过，在我看来，你的葡萄酒专业知识已经向前跨了一大步，这些都是你自己的收获，不需要考试来证明。"

对我而言，班这番话虽是莫大鼓励，不过，我还是希望考试能过关，不是为了光耀门楣，而是希望能顺利晋级至中级班（此为年度考试，若没通过那就要等明年再考了）。

笔试

　　怀着惴惴不安的心情赶赴考场，首先是一个小时的笔试，笔试内容分为三大项。第一项是三角题，即要我们从 3 杯酒中找出不同的一杯，如此反复 3 次，那不同的一杯或多、或少了一点点糖或酸等，和另外两杯间可能只有 0.2% 的差异，没有极为灵敏的味蕾是很难分辨出来的；接下来是我比较有把握的一项，那就是辨别阿尔萨斯六大白葡萄品种，还好，主考官给的酒都算基本款，不难分辨；最后一项则是辨别问题酒，即如何知道你喝的酒是否变质，且是出自何种原因，这也不会太难，反正类似汽油或强力胶味的是醋酸盐，带些呛鼻醋味的是挥发酯，而有强烈呛鼻刺激味的是二氧化硫，有腐蛋、硫磺味道的就是硫化氢，类似苦油臭味的则是氧化。

口试酒评

　　笔试过后，就是重点戏——"酒评"。我的主考官看起来还算亲切和蔼，他为我斟了一杯酒，然后给我 5 分钟时间准备，我战战兢兢地拿着这杯"神圣之酒"，坐在面壁的位置上开始我的酒评之旅。我举起酒杯，仔细地端详了一下，其色泽看起来亮黄清透，闻一下，有清新又优雅的果香味，好像是……为了再度确认，我再次将鼻子凑近嗅了嗅，"嗯，有成熟苹果的芳香，没错！应该没错。"接着我品尝了一口，那夹杂着蜜饯、柑橘的香气在我嘴里弥漫开来，久久不散。我快速地在白纸上做好记录，之后坐在主考官及副主考官的面前，开始了我的酒评：

　　"这酒色泽亮黄透澈，毫无杂质，还带着缓缓流下的眼泪，我相信是一款酒体厚实、品质不错的适饮酒，而第一嗅觉有着清新的绿苹果香味，第二嗅觉则有着柑橘及蜜饯的香甜；至于第一味觉可感觉到该酒轻柔吹拂、酸度适中，具有不错的平衡感，另外有着细致、优雅、圆润及多层次的复杂口感，第二味觉可感觉到该酒结构完整，有着浓郁的喉韵及悠长的尾韵，我认为这是雷司令酒，它优雅清新的口感，很适合搭配阿尔萨斯名菜——酸菜猪肉香肠锅，另外与白酒炖鸡及各种海鲜都很对味。"

虽然英法语相夹杂，偶有停顿思考，不过我对我的酒评还算有信心，尤其当我看见两位考官大人频频点头的模样（不知是表赞同，抑或听不懂我这外国人在说啥而装懂），心想应该不至于差太多，心中大石也渐渐放下，不管考得怎样，总算结束了，现在就等中午时刻的成绩揭晓吧！

放下得失再打拼

这次参加考试的有 **60** 多人，最后仅有 **17** 人通过，我相信你一定很好奇我考得怎样？看着我的成绩单，心情有着些许低落，因为怎么想也想不到，我最大的败笔居然出在笔试第一大题的三角习题上，那需要灵感的嗅觉及味觉才能辨别那 **2%** 差异的酸、甜、苦、辣味，且三题全错，所以尽管其他的笔试题及口试成绩都还不错，然而因这一大项全错，所以没能过关。

当场打了电话跟班说了考试结果，或许是怕我伤心，他以安慰地口吻说："还好啦，那三角题本来就很难，而且你的盲饮跟酒评成绩都不错呀，这才是品酒中最重要的项目。"

虽然早有心理准备，不过总是难掩失望，我尽量说服自己，结果不重要，过程中的收获才是最可贵的，尤其是我最畏惧的盲饮和酒评都过了关，所以没关系，我对自己说："明年再来吧！"

玛琳达的品酒笔记本

注1 阿尔萨斯七大葡萄品种

阿尔萨斯共有七大主要葡萄品种，包括希瓦娜（Sylvaner）、白皮诺（Pinot Blanc）、雷司令（Riesling）、格乌兹莱妮（Gewurztraminer）、麝香葡萄（Muscat）、灰皮诺（Pinot Gris）、黑皮诺（Pinot Noir）。

如何辨认不同的色、香、味？希瓦娜和白皮诺虽是最淡、最单薄的品种，对我而言却又是最困难的，一则两者个性较拘谨，特质不如其他品种鲜明，尽管希瓦娜略有清新果香味，白皮诺稍带有"皮诺家族"特有的森林味，经常与欧塞瓦（Auxerrois）合并酿酒，其颜色都偏淡黄，口感偏干，但因其香气较淡、酒体较薄，对一向嗅觉不敏锐的我可真是一大考验。至于素有"白酒之王"之称的雷司令，颜色亮黄，不论闻或尝起来都有一股清新果香味，有着顺口的干味、恰好的酸度及十足的喉韵，不过年份较轻或品质较差者，那香味还被封住或太淡，就比较难判断。我偏爱的格乌兹莱妮有着浓郁的荔枝及诱人的热带果香味，色泽金黄，口感较甜，个性热情鲜明。我最爱"吃"的麝香葡萄，其酿的酒带有特有的清新麝香葡萄味，口感偏干。另外，灰皮诺闻起来有淡淡的森林味，尝起来则有些许蕈菌味及甜味。唯一的红葡萄——黑皮诺，色泽宛若紫罗兰神秘，有着优雅、柔和的丹宁和坚果味。

若用女人来形容之（不知为何，我很喜欢用女人来形容酒，或许因为酒的那种优雅、芳香、酸劲、复杂、多变的个性和女人很像）：希瓦娜就像一位含苞待放的青涩少女，散发淡淡幽香，然而个性拘谨、中规中矩；白皮诺是个甫入世的轻熟女，虽有着皮诺家族特有的出尘气质，不过个性较保守；雷司令像是气质优雅、品味出众、高贵端庄的熟女，浑身散发一股清新脱俗的气息；麝香葡萄是个与众不同、特立独行的美女，总爱用她那令人销魂的香气掳掠知音人；格乌兹莱妮就像一个热情的东方甜心美人，那充满异国风情的感觉总是迷倒众

图1雷司令Riesling 图2希瓦娜Sylvaner 图3白皮诺Pinot Blanc 图4格乌兹莱妮
Gewurztraminer 图5灰皮诺Pinot Gris 图6黑皮诺Pinot Noir

生；灰皮诺像是深处于森林中的自然美人，虽遗世独立却掩不住她的万种风情；黑皮诺像是神秘的吉普赛女郎，以时而优雅、时而激昂的佛朗明哥舞姿，让人拜倒于她的石榴裙下。

我对黑皮诺的注解则是："在黑暗阴冷的世界里沉睡多年后，突然间，那扇门打开了，温暖的光线抚慰着她，在温暖的氛围里及众人的惊叹声中，她慵懒地苏醒了，走向外面的世界。她一身深紫罗兰色丝绸晚礼服，如火鹤般耀眼，衬托出她那热情火辣的个性，而当她旋转起舞时，那裙摆也随着摇曳，就在令人目眩神迷之际，那泪珠却缓缓地滴了下来……她浑身充满成熟妩媚的韵味，宛如夏天熟透的红色浆果，散发出蜜糖般的馥郁香气，任谁都想占有她，而她只希望有知音人能够了解并细细品味她，之后将会了解她灵魂深处那复杂多变、情感丰富的世界。"

注2 盲饮（Blind Taste）

盲饮，是品酒或比赛评鉴时最常使用的方法，为了避免品酒者看到酒标时有先入为主的想法，因此用布将酒身套住以遮盖酒标（当然，如果你愿意，也可以用布遮住自己的双眼，不过这样也太委屈自己了），不让对方看见这是什么酒，品酒者站在一排酒前，可摈弃主观意见，以更客观公正的态度来品酒；另外，盲饮还有一项作用，就是"玩猜谜"，试试自己"盲眼识美酒"的功力如何，包括在观其色、闻其香、尝其味之后能否正确说出该酒的年份、产地、品种、风土条件等，这在漫画《神之雫》中也曾多次出现过，我参加的考试就是通过盲饮而对一杯酒进行评论，若想成为侍酒师，最基本条件就是得通过这样的测验。

注3 酒石酸（Acide Tartrique）

酒石酸这个东西总是让酒农及消费者又爱又怕，为什么这么说呢？

有一次，班接到一位客户的电话，他抱怨酒里面有白色结晶物，怀疑酒中有异物侵入，并且要求退货，于是班给对方解释，此为酒石酸盐结晶，属天然物质，请放心喝。虽然能体谅客户的疑虑，不过对于一些消费者的"无知"，班还是感到很困扰，他说："有酒石酸结晶盐，代表是品质好的酒，有些客人还真不识货！"

经过班的解释，我才搞清楚，原来酒石酸普遍存在于水果尤其是葡萄中，在昼夜温差大的地方，酒石酸被保留得较多，除了让葡萄拥有较好的酸度，还可以在葡萄发酵时释放出天然抗氧化剂——酒石酸盐，但因其不易溶解于酒精中，所以会渐渐在酒桶壁上形成一层或白或灰或赭红色的碳酸钙晶状物，即为酒石。在装瓶时酒瓶中难免有些微结晶粒沉淀，红、白酒皆如此，不过因白酒本身色泽清澈，故较容易发现。虽然部分酒庄采用化学方式去除酒石酸，但这不仅不自然，还会让酒丧失些许风味。班的酒中多或少都有白色结晶粒，不想将其吞下肚的话，他建议先把酒静置一会儿，待结晶粒全部沉淀于瓶底后再斟酒即可。所以，下次若发现酒中有白色结晶粒，千万别大惊小怪以为是异物而要求退货，否则就贻笑大方了。

不可不知的品酒词汇

色泽	清晰度		干净、清楚、透澈、晶莹剔透	混浊、模糊、有杂质
	明亮度		明亮、晶莹、闪耀	沉闷、铅色、暗沉
	强 度		好、深	一般、苍白
	色 调		白酒：白金、青金、淡金、淡黄、亮黄、金丝雀黄、青黄、灰黄、水青、琥珀黄、麦芽黄、玫瑰色	红酒：紫罗兰红、紫色、石榴红、黑樱桃红、红莓、红宝石、黑醋栗、砖红、橙红、褐色、桃花心木
香气	强 度		极强、强、好、适中	微弱
	整体感（开展、拘谨、闭合）		优雅、杰出、微妙、细致、复杂、丰富	普通、简单
	持久度		悠长、长、中等	短、微弱
	种类	鲜 花	野玫瑰、玫瑰、丁香、洋槐花、紫罗兰、天竺葵、牡丹、风信子、木樨草等	
		鲜 果	梅、樱桃、葡萄、黑醋栗、覆盆子、草莓、醋栗、红浆果、无花果、榅桲、桃、梨、柠檬、柑橘、葡萄柚、菠萝、热带水果、香蕉、苹果、野果等	
		干果及蜜饯	核桃、葡萄干、榛子、杏仁、无花果干、开心果、果酱、熟梅干、橘皮等	

		植物	香草、蕨类植物、接骨木、黑醋栗叶、茶叶、香茅、薄荷、烟草	
		森林	芬多精、蘑菇、松露、树苔、湿地、腐殖质	
		动物	麝香、肉味、熟食、鹿肉、皮革、琥珀、小鹿	
		食物	蜂蜜、焦糖、甘草、大蒜、可可、牛奶、奶油、西打、啤酒、酵母	
		再制品	布丁、熏烤味、咖啡、烘焙咖啡、焙烧味、烤面包、摩卡、烤杏仁	
		香料	肉桂、香草、豆蔻、胡椒、香菜、丁香	
		矿物	石、硫、碘、火石、矿物、泥土	
味觉		其他词汇	温和、强烈、气度、醉人、强大、暖活、圆润、熟成	坚硬、结构化、平顺、酒体、涩、粗鲁 / 尖刻、苦涩、侵略
		平衡度	优良、平衡、和谐	持久、长、短 / 均等、不均衡、微弱
		持久度	悠长、长	好、中等 / 短
结论		进化度	正常	些许、需再观察、尚年轻 / 足够、完成
		适饮度	可饮	巅峰 / 未达

108

我的品酒分享会
官能迟钝者请加油，感觉不只是主观而已！

黄素玉｜台北品酒会

　　相较你在法国战战兢兢地上品酒课，课程严谨又专业，最后还得考试；在台湾，许多人如我与我的朋友们，在参加品酒会时却是醉翁之意不只在酒，还带着趁机聚会玩乐的心态，也许正因为如此吧？善于察颜观色的老师在面对这一群顽徒时，懒得硬灌我们一大堆品酒知识，课程也大多朝轻松有趣的方向进行，于是，大家不但喝得微醺、聊得愉快、学到些皮毛，最后还会顺便买上几瓶刚试喝觉得满意的酒回家，总结来说，真是一举数得啊！

异国的感官之旅

常觉得，走进葡萄酒世界就好像开启一趟异国的感官之旅，而它的有趣及恼人之处皆在于此，先别提那些尝都不曾尝过的水果及陌生的风土人情了，就算是熟悉的颜色、气息、味道和日常用语，当它们被使用在专业人士的酒评中时，只让人觉得异样、另类，甚至不可思议。"浓稠如红色天鹅绒、清亮如透着光的红宝石"，咦，这红色真的可以分出那么多色调？"动物皮毛、烟草味、泥土味"，不会吧，为什么一瓶酒会出现这些风马牛不相及且听来就很不好的气味？"肥厚、艰涩未开的口感"，喂，又不是吃肥肉，不是易拉罐，哪来这种联想？"严谨、松散的酒体"，哈，这是在说一篇文章吧？

好吧，我承认这是我开始接触品酒时的嘲讽之辞，还曾很小人地猜测很会说的人不是信口胡诌就是照书辦文，但在悠游葡萄酒多年且长了些见识后，我不但不再怀疑他人的专业，反而很遗憾自己的视觉、嗅觉、味觉太迟钝了，没办法分辨出多层次的色、香、味，嗔怪自己的想象力太局限了，不能用最平实而传神的语言来形容感官所接收到的讯息，尤其羡慕你有本事分辨不同的酒款，并用不同的女性特色来为每一款酒作注记，而且说得头头是道。

把感觉形诸语言文字

于是，再次听到有人说，品酒是很个人、很主观的印象，品酒的重点在于"喝"不在于"说"时，我虽然还是觉得很对，却已经无法再理直气壮地大表赞同了。

诚然，葡萄酒的气息是飘忽的，味觉是自我的，除了文化差异，生活背景完全相同的人喝同一瓶酒，品尝的心得也不尽相同，所以，大抵来说，品酒确确实实是很主观、很个人的"感觉"。然而，正因为"感觉"是无形的，它来去如风，摸不着也抓不住，如果不运用语言来叙述它，不使用文字来落实它，不但无法和他人交流你的"感觉"，过后可能连你自己都忘了原有的"感觉"，下次再与这瓶酒相遇时，你只觉得似曾相识，甚至完全没有印象。

因此，尝试去分辨酒的色、香、味，学习将那虚无缥缈的"感觉"转化为语言文字，是品酒时的必备心态，唯有如此，流进你口中、血液中的酒才能真正印记在你心中，这一段与酒相遇的感动才不会船过水无痕。

创造出自己的通关密语

也许有人会说，品酒文化中经常出现的词汇实在太陌生了，生活在亚热带的人如何去体会没吃过的寒带水果香气？其实，就像你提到老外偶尔也会用荔枝、香蕉、菠萝、百香果、芒果来当形容词，但这些热带水果早在千百年前时一定还没进口到欧洲，当酒农把格乌兹莱妮葡萄酿成酒时，一定也为它独特的香气而感到迷茫，因为再怎么遍寻生活周遭的水果，也绝对找不到相似的香味气息，只能用 Exotic Fruits（异国风味水果）的字句来形容、注记它，进而把这种说词传承下来。直到许多年以后的某年某月某一天，当这些酒农的后代吃到荔枝时才恍然大悟："啊！原来这无法言传、被大家归纳为 Exotic Fruits 的清甜味，就是荔枝！"

Exotic 的意思是异国情调的、外国产的、奇特的，引申义就是无法理解、体会的事物，而 Exotic Fruits 会出现在欧洲人的品酒词汇里，就是因为大家虽然无法理解体会，却可以感觉到并相信它们的存在，然后，随着人们见识的开阔，这 Exotic Fruits 就可以细分出香蕉、菠萝、芒果等香味了。

因此，就像早年欧洲人品酒时创造出 Exotic Fruits 这个形容词一样，每个人也可以创造出专属于自己的词语。

每个人都可以创造出专属于自己的词语。

品酒第一阶段——记住自己的想法

还记得有一次参加品酒会时，某位知名品酒达人就舍弃专业而繁复的特色介绍，开宗明义地对大家说："品酒最重要的一件事，就是你必须尽量用心去分辨酒的色、香、味，接着，尽量想办法用自己的语言来作注解，最后，努力地记住它。"

因为对入门者来说，与其费力去硬记一大堆似懂非懂的专业用语，不如用心在五感全开时，试着把感官接收到的虚无讯息用自己的语言表达出来，可以是日常生活中出现的气味，如"年糕"、"发糕"、"蜜饯"的香味，可以联想到某一次雨天出游时嗅到的森林气息，可以是艳阳下曝晒后的青草味，可以是初恋时让人回味不已的微酸滋味。任何联想皆可，只要是出自真心而不是卖弄词藻，说出来或写下来，然后记住它，并且相信：Wine that tastes good to you is the good wine（你觉得好的酒才是真正的好酒）！

品酒第二阶段——扩充自己的喜好

入门后，许多人一直停留在葡萄酒的大门前，我就是其中一位顽劣分子。因为我个人独钟爱干一点的红酒，不喜欢甜的红酒，也不爱必须冰凉饮用的白酒，只想随兴、尽兴品饮，懒得去了解为什么有那么多人喜爱那些"非我族类"的酒，这些酒又有何好喝之处。

然而，在几次品酒会的过程中，许多人说的话却逼得我一次又一次地检视、调整自己的心态。他们说："Learn More, Drink Better（了解得越多，喝得越好）！"因为在葡萄酒的国度里，不同年份、不同品种、不同地区、不同酒庄所酿造的酒不会也不该相同，而正是这种种的不同造就出葡萄酒精彩多变，甚至超乎人们想象的色、香、味，如果只是驻足在自以为是的圈子里，不愿意打开心扉试着去亲近、了解所谓他人的喜好，不肯多方尝试，就会错失深刻体会的机会：葡萄酒丰富多元的滋味，其实就像人生一样，有着不同层次的酸、甜、苦、辣、涩。

当然，每个人各有喜好，感官敏锐度也不一样，但只要有心，喜好是可以培养的，感官敏锐度也是可以被开发的，总要多试、多学后再来下定论吧？

就好像"弱水三千，只取一瓢饮"的人生态度并没有错，但若非经历"过尽千帆皆不是"的阶段，又如何能深刻体会"蓦然回首，那人却在灯火阑珊处"的极致美？

品酒第三阶段——精进自己的专业

有人觉得品酒的知识实在学不胜学，干脆放牛吃草算了。其实，采访过的不少葡萄酒界名人，如法国食品协会的前台湾区总经理 Sheree 等人都建议：大家不必被品酒这个词吓到，不妨放轻松一点，用品茗的心情来品酒（注1）。因为葡萄酒就像茶一样，有不同的品种，尤其在栽种、生产制作过程，甚至品的过程中，都有它的知识和原则。

在台湾，许多人都知道如何根据当下的需求去选择所要喝的茶，如吃太饱想要"刮油"时，会选口感较浓厚的普洱、铁观音；想要闻香清脑时，会选择香气袭人的金萱、碧玉、高山茶。人家为什么会如此选择？原因无他，那就是我们对"茶"并不陌生，就算不是专业的品茗人士，即便并非对每种茶都很熟悉，但经由生活经验的累积、彼此心得的分享，大部分人都会知道这些原则，但原则也仅供参考而已，重点不在于选择了什么，而是用心去品味手中的那杯茶。

对许多人来说，品酒会是进入葡萄酒世界的最佳课程。

品酒也像品茗一样，不只有它的基本原则，也是一种文化的累积、一种享受生活的方式。每个人都可以选择不喝、不是很懂却经常喝、很懂也很爱喝，差别在于，如果想成为个中好手，品酒时就不能太过自我或一味地随兴，必须听进并学习老师的专业教导，然后将酒置入生活中，就像喝茶一样，因为经常喝而熟悉，因为熟悉而更加了解，因为了解而点点滴滴地精进自己的品酒功力。

🍇 参加品酒课、品酒会的好处

想要精进自己的品酒功力，参加各葡萄酒相关业者所主办的品酒课、品酒会是不错的途径。两者可能在同一个地点，虽然前者传道受业解惑的气氛浓一些，后者聚会享乐社交的情绪高一些，但不管参加哪一种，都可以让你出席一次就品饮到 3～6 种酒，一边喝还可以一边跟随老师或达人的引领让自己更快地进入并体会葡萄酒的迷人之处。另外，如果试喝到喜欢的酒时，也可以顺道买酒，买太多了怎么办？别担心，这些地方常设有酒柜出租（24 小时严格控制温度与湿度，视空间大小，价位从一年 80 元起跳），可以让你心爱的酒宝贝睡得好好的。

入门班及进阶班的品酒课

品酒课，一般只提供酒及简单的面包、乳酪，收费标准则视开瓶酒的等级而定，通常在 120～800 元，甚至上千元也不无可能。

一开始的入门班，大多会选择一瓶香槟或气泡酒、一瓶白酒、1～2 瓶红酒，以此来引荐出葡萄酒的基本酿造方法，或者介绍新、旧世界酒区所采用的葡萄品种及酿造方式。

进阶班，一种是"平行品饮"，即选定同一个品种、同一个酒区的 3～6 种酒，如选定赤霞珠，就找来新世界各国的赤霞珠单一品种酒，让大家认识该品种的特色；若想了解赤霞珠，就分别找来法国、美国、澳洲等不同地区的赤霞珠让大家了解一样是赤霞珠，却可能因为风土条件及酿造手法不同而出现迥异的风格；选定特定酒区如法国波尔多左岸，就找来该区大大小小酒庄的酒，一来让大家体会在相同的自然环境下它们有何共通性或差异性，二来让大家知道各酒庄因不同的酿造法会展现出何种不同的风格。

另一种则是"垂直品饮"，包括提供不同年份的同一酒庄的同一款酒，让大家了解年份对酒的影响（每一年的气候不同，葡萄的品质自然不一样，简言之就是原料不一样，葡萄酒多少会有所差异，所以同一款佳酿年份的名牌酒，价位也分好几个等级，到底值不值得，当然是见人见智）；或者提供同一酒庄、不同等级的酒（根据法国 AOC 的分制，可以分出各种等级的列级酒，或者地区级、日常餐酒等级数，又比如每一个酒庄也会有自家的一、二级酒），让大家试着去品味不同品质、不同价位的酒有何不同之处。

酒商或品酒名师发起的品酒会

品酒会因动机的不同，分别由酒商、品酒名师所主持。酒商举行品酒会的动机，通常都是为了推广新进或特别的酒款，他们会选择在自家的场地或是租借知名酒餐厅来举行品酒会，有时只针对新闻从业人员、博客来举行新酒发布会，有时也会对一般民众开放，并收取一定的费用（为了营销考虑，定价会比品酒课便宜一些），或是提供适搭的各种餐食，如简单的面包、乳酪。参加这样的品酒会，最有趣之处在于可以试喝到有别于一般市面上常见的酒（如知名酒区的不知名小酒庄、较少进口的葡萄牙酒），以此来增长自己的见闻。

而品酒名师主办品酒会的动机，通常是为了与那些追随自己的学员保持互动和连络情感，所以他们会根据学员的程度、需求、渴望而量身打造出不同主题的品酒名目，他们见多识广，懂得如何从众多酒商中找到最适合当日主题的酒，在这样的场合品酒，自然就可以喝到更多样的酒。

由同好发起的品酒会

另外，还有一种品酒会则完全由爱酒者发起，动机很单纯，就是饮酒同乐会。主题也很自由，可以是任何想得到的名目，如带来个人最爱的一瓶酒、100元以下最物超所值的好酒、香槟大战气泡酒、同一价位的新旧世界酒大对决、单一品种红酒的大串联（注2）、漫画《神之雫》出现的酒、罗伯特·帕派克推荐的90分以上的好酒等。因为没有商业目的，纯属娱乐性质，所以与会的地点也经常选在某人家中，当然啦，能进入门槛者，除了一定是爱酒者外，酒品也绝对是主人考虑的因素。

品酒心态的转变

也许是喝得比较多、视野变得较为开阔了，我在喝酒时更为认真，心态却反而更为放松。有机会参加品酒课或品酒会，和同好切磋分享心得，学习到更多专业知识，很好！但和一群虽然不太懂酒、交情却极好的朋友聚会饮酒，感觉更好！因为随着年龄增长、经济实力渐佳，你会越来越体会到"好酒易寻、好友难觅"的心情。有机会喝高贵的酒，很棒，但来上一杯自己负担得起、喝得让人怦然心动的酒，感觉更棒！因为最顶级、最高贵的法国五大酒庄等梦幻酒品，一般人一辈子可能都无缘喝到，但追求一瓶品质不错、自我感觉良好的酒，却是时时刻刻都可以放在心上且极有可能完成的美梦，更是此生最让人期待的功课。

于是，历经几番心境转折后，我的品酒哲学又变成了：喝得懂，很棒；有点懂又不太懂时，则更能享受到"从错误中学习"的乐趣！

通过品酒会，让更多人轻松地进入葡萄酒的世界。

黄素玉的品酒笔记本

注1 用品茗的心情来品酒

　　葡萄酒和茶有许多相似之处，如它们都含有单宁、多少带着些涩味，可以帮助消化；它们都会随着时间推移出现不同层次的香气口感；酒以颜色来分可以大致分为红酒、白酒、粉红酒，就好像茶可以依发酵程度大致分为绿茶（如龙井、香片、碧螺春）、青茶（俗称乌龙茶）、黑茶（如普洱茶）、红茶等几大类；相同的葡萄品种如赤霞珠会依地区、酒庄、酿酒人手法的不同而呈现出不同的口感，就好像同样都是乌龙茶也会因为栽种在高山或平地及茶庄制茶人的手艺而出现不一样的风味和高低价差；葡萄和茶叶，都可能因为"微生物"的造访，让酿的酒、制成的茶出现风格独具的气味、口感，并让它们身价暴涨，如贵腐霉之于贵腐酒，小绿叶蝉之于东方美人茶。

　　小绿叶蝉又称小绿浮尘子、青仔或烟仔，因为它会吸食茶树芽叶的幼嫩组织汁液，所以被视为茶园常见的害虫之一。早年，茶农虽看见茶叶被小绿叶蝉叮咬了，但因舍不得浪费，还是将它制成茶，没想到用这种茶叶泡出来的茶散发出一种有别于乌龙茶的花果香、蜂蜜香，不但受到许多人的喜爱，甚至远渡重洋出口到了英国，相传连英国女王都对它情有独钟而赐名东方美人茶。

注 2 可酿制单一品种酒的五大红葡萄

＊赤霞珠（Cabernet Sauvignon）

　　是法国波尔多酒区最知名的葡萄品种。也许是波尔多五大酒庄的名气太大，也许是它的适应力太强，在新世界的许多国家地区都可以见到它的踪影，称得上是世界上最知名、评价也颇高的葡萄品种。相较其他品种，它的果实颗粒小、皮厚、葡萄籽的单宁含量高，故初酿出来的较年轻的酒，色泽极深、涩味较强，并带有黑醋栗香，一般在经过陈放后，口感虽然依旧扎实，却会变得比较圆润柔和，也会散发出更复杂、更多层次的气息，如青椒、莓果、咖啡、烟熏、香草等香气，是一种适合陈放的酒。

　　在波尔多左岸（梅多克 Médoc、格拉夫 Graves）绝大部分酒庄，包括知名的五大酒庄所酿造的红酒都是以它为主体，再加上 1 ～ 2 种的其他品种，如梅洛、佛朗（Cabernet Franc）来一起调配酿造，但到底用了哪个品种、品例，一般不会列在酒标上。而在美国加州、智利、澳洲等新世界酒区，许多酒庄则会酿造赤霞珠的单一品种酒，也会将品种名列在酒标上。

＊黑皮诺（Pinot Noir）

　　黑皮诺是法国勃艮第及阿尔萨斯红酒所采用的唯一葡萄品种，适合栽种于气候较凉爽的地区，其果皮较薄、纤细、敏感，不但容易受天气影响，在发芽和收成时也容易受伤，就连酿造时都得小心地控制好发酵温度，因为温度过高的话会让酒香中带有香蕉味，因此可以称得上是非常难侍候的品种。

　　虽然看到勃艮第的红酒，就可以直接将它与黑皮诺画上等号，但黑皮诺也会出现在法国其他地区，如香槟区（用来酿制香槟）和阿尔萨斯等地（主要用来酿红酒，另外也拿来酿气泡酒）。此外，其他国家和地区，包括新西兰、美国加州的那帕及俄勒冈州等地也都有栽种。

*梅洛（Merlot）

梅洛是波尔多产量最多的葡萄品种，在法国其他酒区及美国加州、澳洲、新西兰、阿根廷、智利、南非等地也有栽种。属于早熟品种，不但果实成熟得快，颗粒也大，皮较薄，单宁含量不高，就连酒质熟成的速度也比其他品种快，带有浓郁的果香及甜润的口感。

在波尔多左岸，因为土壤较不适合梅洛的栽植，所以在这里它通常扮演的是混酿品种的小配角；在右岸，如圣埃米里翁（Saint-Emilion）、波美侯（Pomerol）区，梅洛成为最重要的混酿角色，但使用比例不等。然而，随着彼得绿堡（Chateau Petrus，有人翻译为派翠斯堡）以95%～98%梅洛比例酿出一款让人又惊又喜的知名酒款后，该品种在整个波尔多酒庄的使用比例大为提升，如近年来的柏图斯（Petrus）和乐邦（Le Pin）几乎都是使用100%的梅洛酿酒，就连其他新世界的酒庄也开始大量酿制以梅洛为单一品种的酒，其中以美国加州最知名。因为它的口感较一般红酒涩感、酸度低，再加上果香明显，所以受到一般大众的欢迎，但也出现不少反梅洛族群，觉得它太媚俗、没有个性、缺乏高级酒所必备的深度感。

*席拉（Syrah）

席拉是法国隆河谷地的重要栽植品种（隆河在蒙特利马分为南北两区，北隆河属于半大陆型气候，席拉是唯一的红葡萄品种，该区主要生产单宁重且耐久存的浓厚型红酒；南隆河生产的红酒则大多采用3～5种葡萄品种混合酿制，其中也包含席拉，但比例不等）。另外，在新世界的澳洲、南非、美国加州等地区也有栽种，其果实颗粒细小、皮厚，因其单宁含量高、酸度及酒精感也都很明显，所以酿出来的酒颜色深红、口感厚实强烈，需要陈放数年才能让口感柔顺些，并散发出复杂的香气。

在新世界，席拉又名设拉子（Shiraz，是古伊朗的一个地名，据说是设拉子的发源地），在这些地区，有时会酿制设拉子的单一品种酒，但大部分也是作为混酿酒的品种选项之一，澳洲甚至还有酒庄生产席拉的红色气泡酒。

*加美 Gamay

是博若莱地区（Beaujolais）的主要品种，另外在法国其他地区如勃艮第的马贡等地也有生产。本区以每年 11 月的第 3 个星期四推出博若莱新酿葡萄酒（Beaujolais Nouveau）而闻名于世，该酒单宁含量低，不宜久放，适合及早饮用，有着明显的香蕉、水果糖等香气。

葡萄园对话

玛琳达 班 素玉

班

玛琳达

素玉

素玉："通常，品酒的正确次序是怎样的？"

班："品酒的基本原则是由轻到重（较清爽的白酒到口感较浓郁的红酒、年轻酒到年份老一些的酒、平价简单口味到高级复杂口味），由不甜到甜（先品尝较不甜的白酒，再品尝较甜的白酒，接着是红酒，最后才是如迟摘酒或冰酒之类的甜酒），品酒时通常是一个酒杯品到底，基本上除了甜酒换不甜酒、红酒换白酒外，是不需要换杯或清洗酒杯的。"

玛琳达："那如果同样的场合，想喝不同的酒精性饮料时，又要怎么办？"

班："记得千万先从酒精浓度低的开始，如先喝啤酒、葡萄酒，最后才喝威士忌或蒸馏酒，否则不易消化，对肠胃很不好。"

- -

素玉："常听人说，白酒要冰凉后喝，红酒则适合室温下饮用，对吗？"

班："一般来说，香槟或气泡酒、白酒都需要冰凉后喝，低温可以抑制酸度并衬托出清新的风味，其中，香槟气泡酒的适饮温度为 8～10℃，而白酒则在 10 ～ 12℃时有较多香气（除了那种非常甜的酒外，白酒的温度也不宜低于10℃，否则果香会被锁住）。"

　　"红酒的最佳适饮温度为 15 ～ 18℃，如果是在凉秋、寒冬季节或冷气极强的餐厅饮用，温度落差不会太大，但如果是在 30℃的炎热夏天且室温又高时饮用，开瓶前最好先把红酒放到冰箱里冰一阵子，但切记不要冰太久，因为低于15℃的红酒香气和味道都会被锁住,喝起来艰涩未开,所以最好待其回温后再喝，单宁就会变得柔和，口感也会更好。"

　　玛琳达："若在炎热夏天里想要喝又忘了冰镇，不妨拿些冰块放在冰桶里冰酒瓶，不过千万别像喝绍兴酒或威士忌那样直接把冰块放进酒杯中，否则酒液混杂了水后会让葡萄酒原味尽失。我想,如果酒庄主人看到自己的酒被加了冰块，那感觉应该就像看到把酒倒入纸杯一样，会伤心到想撞墙吧！"

- -

　　素玉："有时真不了解，为什么葡萄酒会出现那么多匪夷所思的气味。还记得上次采访时看过闻香瓶，总共有 54 种味道，据说是训练专业品酒师的辅助工具，有时我也会在品酒会上看到它，那你家也有闻香瓶吗？"

　　玛琳达："我家没有，班说闻香瓶是给城市人用的，而他从小生长在乡间，对许多花草、果实、矿物的气味都相当熟悉了，根本不用闻香瓶，他一嗅心中就大约有数啦！不过我上品酒课时，老师倒是每堂课都会拿出 4 ～ 5 种不同的闻香瓶，要我们猜是什么气味，有时还有腐蛋、松香油脂味等，都是以此测试我们的嗅觉。"

- -

　　素玉："如何得知一瓶酒会在何时达到最佳适饮期？"

　　班："不同年份、不同酒款的适饮期都不一样，有时候需要陈放多年，有时不能放太久，无法一言以蔽之。不过，基本上可以把握'四高'原则，即单宁高、果酸高、糖分高、酒精浓度高的酒，需要较长的陈放时间，其适饮期当然就会拖得比较久，另外，陈放于橡木桶的酒会比不陈放于橡木桶的酒适饮期较久，若价格和品质成正比的话，那么高价位要比低价位的酒适饮期较久。"

玛琳达："那白酒比红酒较不易陈放吗？"

班："这可是天大的错误观念！我刚才说了四高原则，很多白酒尤其像阿尔萨斯区的酒酸度高，另外还有晚收酒，甜分高、酒精浓度高，放 5 年以上都不成问题，像我的酒很多都超过 10 年，其中不乏超过 20 年的老酒！"

素玉："葡萄酒用语里的'Dry'，中文有人直译为'干'，有人意译为'不甜'，到底它的定义是什么？"

班："Dry 即法文中的 Sec，根据法国相关法令，每 1 升含糖量低于或等于 4 克的葡萄酒，称为不甜或干的葡萄酒（dry wine / vin sec）；每 1 升含糖量为 4.1 ～ 12 克者，称为半干的葡萄酒（semi dry wine / demi sec）；每 1 升含糖量在 12.1 ～ 45 克者，称为半甜的葡萄酒（semi sweet wine / moeulleux）；每 1 升含糖量高于或等于 45.1 克者，称为甜的葡萄酒（sweet wine / doux）。另外，也有人会用'Dry'来形容酸度高的葡萄酒口感。"

第四章

餐桌哲学

当美酒遇上美食，是佳偶还是怨偶？
富家千金也可以爱上穷小子

玛琳达｜阿尔萨斯美酒佳肴

"去年的圣诞节大餐，班一时兴起想要展现他那深藏不露的厨艺，一早就到附近农场挑了新鲜肥美的鸭肝，当晚这位阿班师傅在厨房里忙得不可开交，不到 10 分钟，他精心烹制的前菜——香煎鸭肝佐覆盆子酱上桌了，看起来色香味俱全，正当我切了一块鲜嫩无比的鸭肝放入嘴里时，班顺手斟了一杯酒要我品尝，那是 1997 年灰皮诺逐粒精选贵腐酒，刹那间，原本滋味鲜美的鸭肝在浓郁甜蜜的酒香包围下绽放出如玫瑰花般的馥郁口感，味蕾竟不觉地达到高潮，直冲脑门。"

那令人回味再三的美味，是我对美食与美酒完美"结婚"的初体验。

每回看漫画《神之雫》中提及美食与美酒的"结婚"内容，无论文字或影像，都会让我情不自禁地口水直流，也深深体会美食与美酒的结合，就像世间男女的情感，想要成为神仙眷侣般完美，有时需要缘分，有时则需不断寻觅，有时过尽千帆皆不是，而那人却在灯火阑珊处……

🍂 青菜萝卜各有所好

不可否认的是，尽管是最高级的佳酿，或被米其林餐厅（专门评点餐饮行业的法国权威鉴定机构）评鉴为三颗星的绝世美馔，看似门当户对、天造地设，然而若是基调不相同，硬要凑合的话，恐怕也会成为"怨偶"。不过，就我这两年在阿尔萨斯的观察，我发现，其实"结婚"这码事对他们而言并不是这么讲究，也没有所谓"红酒配红肉，白酒配白肉"的规定，当然其中一些基本原则不可违背，如主菜与甜酒不搭、辛辣食物和单宁过重的红酒不和、甜食不适合和不甜的干酒搭配，除此之外，似乎可以海阔天空、随心所欲地"自由配"、"红白配"。

这不代表他们不注重品质，而是美酒与美食的结合，本就如艺术创作一样，不但是个人主观的看法，有时也需要随性一点，其实说穿了，世界上哪有这么多的神仙美眷，不过是神话故事罢了。谁说一定要郎才女貌？青菜萝卜各有所好，只要彼此心灵契合，只要自己的味蕾感觉对了，不就是一段完美的姻缘？

🍁 完美的异国恋

异国恋情听起来浪漫，但因生活习惯、语言等各方面存在差异而会产生更多的摩擦，因此想要成为良缘美眷，就需要更加地包容及体谅对方的优缺点，彼此个性互补，爱情才能长长久久。不要误会，这不是言情小说，我这里指的是美酒与美食的结合，当然也因个人"亲身经验"有感而发，美酒与美食就好像一对来自不同国度的恋人，存在许多差异，想要完美结合并非使用"速配指数"就可以算得出，只有"互相包容"，才能激发出两人最灿烂的火花。

在我的品酒课程中，老师告诉我们许多美酒与美食完美搭配的诀窍，在和班每天面对面吃饭的过程中，我们也经常讨论桌前的料理和酒搭不搭的议题，不过，最让班不解地是：

"台湾人爱吃海鲜，最适合搭配我们阿尔萨斯的白酒和甜白酒，另外台湾天气这么热，也很适合在夏天喝上一杯冰凉的白酒，真不懂为什么大家还是一窝蜂地只喝红酒？"

每当他这么问我时，我都哑口无言。

不像欧美国家，一餐下来总是少不了红、白酒互搭，亚洲国家消费者更偏爱红酒是不争的事实。白酒适搭海鲜，适合在炎热夏天喝上一杯是没错，只不过在风头尽出的红酒身后，白酒原有的光芒多少被掩盖了，而阿尔萨斯酒还未广为台湾人知，加上台湾葡萄酒市场还未如欧美国家已臻成熟，在未全部了解的情况下，"产地"和"品牌知名度"遂成为重要购买指南，这当然只是我个人之见。对红、白酒没有偏见的我，在尝遍阿尔萨斯各种酒款后，深谙当地白酒的"平易近人"和惊人"包容力"，尤其对于口味偏重、较辛辣且海鲜丰富的亚洲料理来说，搭配清淡具果香味的白酒的确要比单宁较重的红酒更合适。

🌿 当东方料理遇上西方葡萄酒

针对亚洲料理，阿尔萨斯葡萄酒协会（CIVA）出了一本册子，提出了一些适合搭配亚洲美食的葡萄酒建议。基本上，只要把握选择果味清新、果酸均衡、单宁含量较低的原则即可，在我看来，阿尔萨斯酒就相当符合前述要件；另外，亚洲菜中有不少加了糖醋、甜面酱、梅子酱之类的偏甜佐料，这时最好选择较甜的迟摘酒，因为若搭不甜的酒，会让酒的口感变酸、涩而产生反效果。

一般说来，阿尔萨斯的格乌兹莱尼因带有浓郁的荔枝味，加上淡淡的玫瑰幽香，糖分及酒精浓度也较高，所以很适合亚洲辛辣及甜味食物，堪称与亚洲料理结合的最完美对象。举凡爽口的广东菜、辛辣的四川菜、甜浓的上海菜等，用格乌兹莱尼来搭配，几乎不会出差错。

当然，除了格乌兹莱尼，阿尔萨斯葡萄酒协会则认为家喻户晓的北京烤鸭适合与灰皮诺（灰皮诺因酒体较浓郁、果香悠长、酸度较低、余韵柔顺而很适合配白肉尤其是家禽）搭配，但是建议最好不要加甜面酱（因甜面酱味道过于甜腻，会抢走葡萄酒的风味，不过我怀疑少了甜面酱，还能叫"北京烤鸭"吗？）至于上海汤包因为搭配了含有糖、姜、醋的沾酱，甜中带酸，要挑选适合的酒并不容易，他们建议可选择酸度高、甜分够、果味浓郁的雷司令迟摘酒。海鲜或生鱼片料理的清甜可通过雷司令的清新果酸引出，泰式酸辣料理带有浓郁的香料及辣椒味，当然也得拿出同样馥郁香浓的格乌兹莱尼来与之抗衡才行，总之，越辛辣的菜色搭配越甜的迟摘酒就越能引出双重效果。

美食和美酒要怎么搭配才对味，其实不需过于拘泥公式，反正均凭个人味蕾决定。

有菜无酒好比有缘无分？

"我无法想象吃饭时没有酒相佐会是怎样的悲惨景象，如果没有酒，即使天下美食当前，也会像少放了调味料似的索然无味。"

美酒与美食那种完美的结合并从此过着公主与王子般幸福日子的意境，班或许不能完全理解，然而对他而言，最幸福的时刻莫过于美食当前的一番小酌。

班从不刻意挑选什么酒该配什么菜肴，当他坐在餐桌前准备用餐时，习惯性动作就是随手从冰箱或从餐桌下"摸"出一两瓶酒来，不知为何，他右脚旁的那一小块角落就像是取之不竭的藏宝盒般，总是藏有各式各款酒。当然拥有小小酒庄的他，可以随时信手拈来几瓶酒自然不成问题，他就常自我消遣地说："我什么都不多，就是酒多！"（天哪，这听在我耳里怎么觉得有点心酸？酒庄里若酒太多，那感觉就好像出版社囤书太多，绝非什么正面表向，唯一好处是囤酒可以一瓶瓶拿来喝，囤书却是每本都一样……）

对班来说，葡萄酒除了是解渴的最佳饮料外，美酒之于美食，应该就像是空气之于人、水之于鱼般的不可或缺吧！

中西饮酒文化的差异

无酒不成席的班，根本无法理解我和我的同胞们怎么可以没酒喝还吃得津津有味？两度到台湾，尽管台湾美食及小吃令他惊艳不已（这点我必须承认，除了臭豆腐之外，举凡牡蛎煎、小笼包、珍珠奶茶、阿婆芋圆、槟榔等，班都颇能"入境随俗"，适应力非常强），然而他总是觉得有遗憾，令他浑身不对劲的原因就是少了这么一"味"葡萄酒。

我只能向他解释，中西方人都钟情于杯中物，只不过两地饮酒文化存在明显差异，欧美人喜欢将其当做亲朋好友间的润滑剂，无论在家或外出用餐，大家都会一边享受美食一边慢慢地"品尝"葡萄酒，共度那快乐时光。当然，为

了避免破坏这欢愉气氛，总得藏拙一番，不能让人看见酒醉后的糗态，所以，"酒酣而不醉"为最高原则。至于东方人如台湾同胞们，较爱以"啤酒"或"烈酒"配菜，并被视为社交应酬的重要筹码，不同于西方人"品酒"般小酌，东方人更爱"拼酒"、"干杯"那种一口饮尽的豪迈，这样才是"铁铮铮的汉子"，才能带动用餐气氛，也是给敬酒者十足面子，因此，"杯底不能养金鱼"为最上乘境界。

如何在法国餐厅点酒?

先点开胃酒

法国餐厅提供的酒单种类不少，从前菜所适合的开胃酒、主菜所需要的红白酒，甚至甜点可搭的甜酒，都应有尽有。通常到餐厅坐下来，侍者会先趋前问客人要点什么开胃酒，开胃酒通常为香槟之类的气泡酒，或是较为清淡爽口的白酒，不仅能开胃，更能让客人一边翻阅菜单思索该点什么菜一边先喝上一杯。

再点佐餐酒

点完菜、吃完开胃菜及喝完开胃酒后，接着又该伤脑筋考虑点什么酒来搭配主菜。翻开厚厚的一本酒单，品种五花八门，的确让人眼花缭乱，除了已经心有所属，否则即使是葡萄酒专家也会向餐厅征询意见，请他们依据其预算、喜好及菜色推荐适合的酒款。就我的经验分析，经由餐厅推荐的成功概率约为50%，反正，许多经验都从尝试错误中学习，尤其对"知己知彼，百战不殆"的班来说，到各餐厅"明查暗访"其他酒庄的酒，不管酒质如何，对他来说都是不错的搜集情报的方式。

法国人爱品酒，从开胃菜一直到甜点，都有酒搭配。

另外的选择——开瓶酒

一些平价餐厅会提供普通餐酒作为开瓶酒，普通餐酒品质当然不需计较，若尝到口感不错的普通餐酒，那可是捡来的幸运。大多数餐厅则提供 AOC 级作为单杯开瓶酒，当然得自信这些酒开瓶后不久都能顺利售出，以保证其新鲜度。餐厅通常提供 4～5 种开瓶酒供客人选择，幸运的是阿尔萨斯多的是葡萄酒和爱好者，可在餐厅里喝到价廉物美的当地开瓶酒，根据分量可分为 Une Verre（单杯 12cl）、Un Quart（约 2 杯，25cl，通常以迷你葫芦水瓶盛装）、Un Demi（约 4 杯，50cl，通常以大水瓶盛装），以及 Une Bouteille（一瓶酒）。

注：L=liter 为升，cl=centiliter 为厘升，ml=milliliter 为毫升，1Liter（升）=100cl（厘升）=1000ml（毫升）

🍃 阿尔萨斯的餐桌

为何我会说阿尔萨斯而非法国？诚如我之前所说的，无论在历史、文化、习俗、饮食及语言上，阿尔萨斯都独树一格，为了不以偏概全，我在这里和你分享的是阿尔萨斯的餐桌文化。

首先，让我先告诉你阿尔萨斯美食的二三事。不似法国料理给人的印象总是精致高贵、分量小、盘饰艺术出神入化，阿尔萨斯因为曾经隶属于德国，再加上地理位置上与德国相邻，所以文化和美食都深受德国影响，主要特色菜都很有那种"乡村胖妈妈"的温暖，好吃不在话下，分量也很惊人，像是以猪肉、

香肠、酸菜、马铃薯为主的酸菜白肉香肠锅（Choucroute），还有以猪、牛、羊搭配各种蔬菜去烤的什锦杂烩炖锅（Baeckeoffa）等，不仅食材丰富，还都倒入一整瓶甚至更多的白酒进去炖煮，身处酒乡当然得就地取材，因此"以酒入菜"也成阿尔萨斯美食的特点。

酒逢知己千杯少

提醒你，若受邀到阿尔萨斯人家里用餐，可要有心理准备，他们可是将"慢食理论"发挥得淋漓尽致，因为没有 6 个小时，是离开不了餐桌的。在我看来，阿尔萨斯人没有那么注重美酒与美食"完美结婚"的繁文缛节，或是什么酒得配什么菜的一大堆约定俗成的规定，他们最注重的反而是餐桌气氛，所谓"酒逢知己千杯少"，通常一顿饭下来，以 4 个人来说，少说得开 3 ～ 4 瓶酒，平均一人一瓶酒都不为过。

从开胃菜算起，先开一瓶气泡酒作为迎宾序曲，接着大伙儿正式入坐，前菜也上桌了。此刻，男主人则忙着开瓶，前菜以清淡为主，酒款也以具有清新果香味的白酒搭配。再来则是众所瞩目的主菜，酒款则白、红酒相间，先来一瓶白酒，接着换上不同款的红酒。主菜用毕，希望你的胃尚有空间容纳接下来的美食，因为餐盘上各式各样的乳酪都令人垂涎三尺，乳酪配红酒也是绝搭。当那意犹未尽的滋味还在舌间跳跃时，别忘了继续享用甜点，阿尔萨斯物产丰富，以时令浆果做成的水果派最为出色，举凡苹果派、樱桃派、覆盆子派、蓝莓派、红莓派、蜜李派等都让那些直说吃到撑的女士们（我真的很纳闷，这里

当美酒碰上佳肴，是最幸福的时刻。

133

的许多女士吃得可真不少，但身材却还是保持得很好），也会魔术般地变出另一个胃来塞那些可口的大块糕点，当然此时，来上一杯同样香甜的迟摘酒，也是不错的选择。

客官，我还要……

Schnaps，水果蒸馏酒是法国人眼中的生命之水。

如果你以为甜点也用了，甜酒也喝了，该是为此次盛宴画下句点之时，那你还是不了解阿尔萨斯人。除了再来上一杯咖啡外，他们还会再拿出个迷你酒杯和一两瓶透明酒瓶，别怀疑，还要继续喝。这不是葡萄酒，而是 Schnaps（德文，法文为 eau de vie，即生命之水，不过它不是水，是水果蒸馏酒，注1），有时他们会直接倒入咖啡里，据说是用来帮助消化胃里囤积的过多食物（我不知道这是否又是他们的借口）。男人可以大方地喝上酒精浓度高达 45 度的 Schnaps 面不改色，女人们就秀气得多了，从桌上取一块方糖浸入 Schnaps 中吸收汁液，之后将方糖放到嘴里慢慢含着，当地人称其为 "Canard"（鸭子）。为何叫 "鸭子"？据说让方糖瞬间吸收酒液变得饱满，宛若以填鸭方式让鸭子的胃瞬间胀大，故称为 "鸭子"。

每当看见 Schnaps，就知道今晚宴席已届曲终人散，其实只要酒对了、菜对了、人对了、气氛对了，管它八字对不对，对阿尔萨斯人来说，这就是最完美的天赐良缘！

玛琳达的葡萄酒厨房

　　我并非厨神，也不是料理天后，之所以大胆地在此和你聊我的葡萄酒厨房，只因想和你分享那绝妙好滋味。我的厨房料理不多，却都是我在阿尔萨斯耳濡目染，经过各地品尝、高人（包括邻居阿姨和班）指点及不断试做总结出来的心得，尤其那些以酒入菜的阿尔萨斯地方美食，多了乡村妈妈的味道，多了馥郁的葡萄酒香气，尝起来让人深感满足。

白酒炖肉锅 Baeckaoffa

白酒炖肉锅分量很大，是"一大锅"，以阿尔萨斯特有的陶瓷炖锅盛装，传统炖锅以浑蓝及咖啡色为主，绘有精致的花样图案，成为传统阿尔萨斯家庭的重要摆设，也成为观光客最喜欢的伴手礼。

做法

1. 将所有的肉切成 2～3 厘米的方形，置入锅中。
2. 将酒倒入肉锅中，让食材全部浸泡于酒中，加入所有调味料搅拌均匀后，放入冰箱静置 24 小时，让酒和调味料可以充分入味。
3. 土豆、胡萝卜、洋葱洗净后均切大块备用。
4. 炖锅中先铺上马铃薯，之后一层肉一层洋葱、一层肉一层胡萝卜，让蔬菜与肉层层相叠，然后将剩下的酒倒入炖锅中，放入烤箱以 180℃ 烤 2～2.5 小时即可。
5. 适搭酒：白皮诺、灰皮诺、黑皮诺。

材料 分量：5～6 人份

猪肩胛肉或里脊肉 500 克
去骨羊肩胛肉 500 克
牛肋条 500 克
土豆 1000 克
胡萝卜 500 克
洋葱 250 克

调味料

大蒜 2～3 瓣
巴西里、迷迭香、月桂叶、盐、胡椒各少许
白皮诺或雷司令 1/2 升

酸菜白肉香肠锅
La Choucroute garnie

阿尔萨斯美食天王非酸菜白肉香肠锅莫属，与南法的白豆什锦锅（Casserole）同列为法国两大乡村菜，同样食材丰富、分量十足，是冬天补身的家常菜，也是观光客到阿尔萨斯必尝的名菜。或许是从小吃腻了或因热量太高，班并不是特别喜欢这道菜，虽然每家传统餐厅都有供应，不过每次看到有人点这道菜班就会说："这一定是观光客！"

做法

1. 将酸菜洗净并挤干水分，备用。

2. 热锅后，放入猪油、洋葱丁，接着倒入白酒及高汤，然后加入蹄髈、猪肩胛肉、培根，以及所有调味料，拌炒均匀。

3. 将做法 2 的材料铺于烤盘底部，再将酸菜铺于其上，放入烤箱中以 180℃烤 1 个半小时。

4. 将各种香肠及土豆放入水中煮熟，再平铺于烤好的酸菜白肉上即完成。食用时，记得要沾芥末酱才好吃。

5. 适搭酒：雷司令或希瓦娜。

材料 分量：8 人份

酸菜 2000 克
蹄髈 2 块
烟熏猪肩胛肉 1/2 块
烟熏培根 300 克
咸培根 300 克
白香肠 250 克
烟熏香肠 4 根
斯特拉斯堡小香肠 4 根
土豆 8 个
洋葱 2 颗
大蒜 3 瓣
高汤 1/4 升
猪油 150 克
希瓦娜或雷司令白酒 1/2 升

调味料
盐、胡椒各少许
月桂叶 1 片
杜松子 8 粒
丁香 3 颗

热葡萄酒 Vin Chaud

这可是班的拿手绝活，每当他煮上一大锅热葡萄酒请客人享用时，总会获得不少好评，还有客人跟他要食谱。寒冷冬天最适合来上一杯暖呼呼的"烧酒"，每年圣诞前夕的圣诞节集里，总少不了许多卖热葡萄酒的摊位，让在冰天雪地里逛街的客人可以暖暖胃，一杯价格约为 2 欧元。当然也可以自己在家煮一锅慢慢饮用，葡萄酒煮沸后酒精会挥发一些，剩下浓郁果香及肉桂味，带有酸酸甜甜的滋味，对于酒量浅的人来说，喝上一杯也不成问题。

材料 分量：4～6 人份

红酒（须准备柠檬 1～2 颗）
或白酒（须准备新吉士橙 1 颗）
1 瓶
肉桂 3～4 根
八角 4～5 个
砂糖 100 克

做法

1. 柠檬或新吉士橙切片备用。

2. 将葡萄酒倒入锅里加热，放入切片的柠檬或新吉士橙、肉桂、八角和砂糖，搅拌均匀，待其沸腾后熄火，趁热享用即可。

雷司令炖鸡 Le Coq au Riesling

以雷司令白酒入味，让鸡肉肉质更为鲜美，同时富有清新果味，这道雷司令炖鸡同样也是从阿尔萨斯红遍了整个法国的名菜，与之前两道传统大菜相比，雷司令炖鸡有白酒的清新果香，吃起来不会过于沉重，热量也不是太高，成为爱美女士们的首选。

做法

1. 鸡肉洗净切大块，备用。青葱洗净切段、蘑菇切片、大蒜去皮，备用。

2. 平底锅中加入 25 克奶油，开中火使其熔化后加入蘑菇片拌炒至蘑菇略软，备用。

3. 以中火融化 50 克奶油及沙拉油，放入鸡块热炒，加入盐、胡椒、肉豆蔻调味，至鸡肉表皮微焦，加入青葱、大蒜、白兰地 (或水果酒) 略炒，加入雷司令、高汤及炒过的蘑菇，以小火炖煮 30 ～ 40 分钟。

4. 上桌前，将以面粉、蛋黄及鲜奶油混合制成的酱汁淋于其上即可。

5. 适搭酒：雷司令

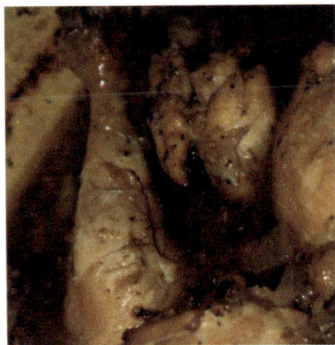

材料 分量：4 ～ 6 人份

鸡肉（全鸡或鸡腿 1500 克）
奶油 75 克
高汤 50 毫升
青葱 25 克
大蒜 1 瓣
蘑菇 150 克
蛋黄 1 个
雷司令 30 毫升
白兰地（或水果酒）20 毫升
鲜奶油 10 毫升
沙拉油 2 大匙

调味料
面粉 15 克
盐、胡椒及肉豆蔻各少许

香煎鸭肝佐覆盆子酱
Escalopes de foie gras aux Framboises

这是班的私房菜，表面煎得金黄的鸭肝鲜嫩爽口、香气扑鼻，搭配上香甜的苹果泥，再淋上酸甜的覆盆子酱，一口吃下去，那妙不可言的滋味，唯有亲身感受方能领略。这是班最爱的圣诞节前菜，虽然鸭肝所费不赀，然而，当咬下去那刹那，你会发现，偶尔砸点银子享受人间美味也是值得的。

做法

1. 将覆盆子醋、糖及香醋倒入锅中加热，搅拌成覆盆子酱备用。

2. 以中火煎鸭肝，每面约煎 2 分钟至表面呈金黄色，撒上少许盐及胡椒调味。上桌前于鸭肝旁放些苹果泥，同时淋上覆盆子酱，趁热享用即可。

3. 适搭酒：灰皮诺或格乌兹莱尼迟摘酒。

材料 分量：5～6 人份

新鲜鸭肝（鹅肝亦可）6 片
苹果泥（也可以换成樱桃、杏、桃等水果）400 克

调味料

覆盆子酱 100 克
盐、胡椒粉各少许
糖 2 大匙
香醋 3 汤匙

火焰明斯特乳酪 Munster Flambée

这也是班的私房菜，火焰明斯特乳酪（注 2）属于餐后点心，做法极为简单却相当讨喜，"味道"浓郁的明斯特乳酪加上香气强烈的水果酒，在嘴里散发出层次分明且丰富的口感，就像一首愉悦的舞曲在舌尖舞动着。水果酒酒精浓度虽高，但瞬间燃烧后酒精已挥发掉，只剩水果的香气，大人、小孩皆能享用。

做法

1. 明斯特乳酪以小火加热 5 分钟至半熔化状。

2. 上桌后迅速倒入水果酒，以火点燃水果酒，会出现约几秒钟的蓝色火焰，待酒精烧尽即可趁热享用，否则乳酪冷却后会黏成一团而很难下手。

3. 适搭酒：格乌兹莱尼迟摘酒、灰皮诺迟摘酒。

材料 分量：4～6 人份

明斯特乳酪
（也可改用其他重口味的软质乳酪约 250 克）
水果酒 200ml

玛琳达的美酒＋美食笔记本

注 1 强劲有力的生命之水——Schnaps

虽然葡萄酒为法国的全民饮料，然而对他们来说，**Schnaps** 才是生命泉源，这不难从其名称"生命之水"上看出。品尝葡酒得模样优雅，然而喝生命之水时就可豪迈地一口饮尽。

这神奇的"生命之水"宛若水般透明清澈，闻起来有强烈饱满的果香味，尝起来虽力道强劲却不辛辣，喉咙不会有灼热感，反而有着浓郁的果香气息。"不胜酒力"的我，以往碰到高粱酒都只能沾唇即止，根本无法入口，没想到来到阿尔萨斯后，却能浅尝那醇厚却不呛的"生命之水"，甚至还为其香气而深深着迷。对阿尔萨斯男人来说，"生命之水"可是他们的餐后"点心"，"饭后水果酒，快乐似神仙"正是最佳写照，他们相信，饭后来上一小杯水果酒能帮助消化，同时去油解腻，当然这是临床研究证实还是心理作用，则是见仁见智了。

以沸点高温将水果里的糖分转化成酒精，酒精浓度往往高达 **40 ～ 45** 度，最常见的有樱桃、覆盆子、梨子、桃子、苹果、榅桲、西洋李，还有用榨过汁的格乌兹莱尼葡萄皮蒸馏出的马克（**Marc**），像是意大利的 **Grappe**。

向来对酿制各式美酒"不遗余力"的班，自然没有置身事外，不过法国相关法令极为严苛，这可颇让班困扰。他告诉我，除了要有蒸馏酒执照外，政府还规定，所有蒸馏用的水果必须出自于酒农自家花园或农场，不能向外界购买。"反正关起门来在家里酿，那何妨多蒸馏一点"，我开始动起歪脑筋，"这政府早想到了，政府对于你家有多少棵果树，每年可生产多少升水果酒，一天可以酿多少，都了若指掌！"

原来相关单位可不是省油的灯，为了管控数量（当然也是为了掌握税收），酒农在蒸馏酒前需填申请文件送至国税局相关部门，包括水果种类、重量及预计蒸馏时间和分量等，待审查通过后，还得凭这份文件去领自家的管子才能开始蒸馏酒。

"领管子"？你没看错，为了怕有人三更半夜躲在酒窖里偷偷蒸馏酒，所有酒农得把蒸馏时用来冷却酒精气体的管子交给相关人士"集中保管"，唯有凭文件才能领出来，而且必须在限定时间内"归还"，所以想偷蒸馏酒可是门都没有！

我从滴酒不沾（我指的是烈酒）到喜欢上水果酒，除了那浓却不呛的口感外还有什么原因吗？那是一种难以形容的氛围。通常秋天摘果，等了一季的发酵时间后，酒农多在圣诞节前后蒸馏酒，在寒冷的冬天里，只要走入高温蒸馏室内，立刻被满室烧得极旺的柴火及氤氲的果香味包围住，刹时间，那股温暖香气带着我穿越了时空，回到小时候过年前妈妈在厨房里忙着蒸年糕及发糕的情景里，稍稍抚慰了我这异乡游子的思乡之情。

注2 我爱明斯特（Munster）乳酪，因为它很臭

阿尔萨斯物产丰富，特色美食不少，真要令我难忘的则是明斯特乳酪。明斯特为阿尔萨斯南方靠近佛日山脉的一座山城，以乳牛畜牧业为主。这里生产的明斯特乳酪享誉盛名，其最大特色就是"臭"，和台湾的臭豆腐有异曲同工之妙（不过班可不这么认为，他认为此臭非彼臭，明斯特那"臭得发香"的臭要比臭豆腐"香"多了）。记得和明斯特的第一次接触是在班朋友的生日宴会上，饭后朋友将乳酪盘里的明斯特递了过来要我尝尝，没想到才将其凑近鼻尖，那股比墨汁还臭上百倍的呛鼻味让我不禁作呕。我不好意思地婉拒了他的好意，幸好他也不介意，反倒说："等你喜欢上它的那天，就是你正式成为阿尔萨斯人的那天！"当时的我斩钉截铁地认为自己永远无法成为阿尔萨斯人，因为我不会和自己过不去，吃这种其臭难闻的玩意儿。有一天，在班的游说及影响下，我决定给自己和这臭玩意一次机会，为了不受臭味影响，我掩鼻从班手中接过一小块明斯特，接着以"壮士断腕"的决心将其塞进嘴里，没想到一股浓郁的香气在嘴里迸开，还带着丰富尾韵，让人意犹未尽，此刻，我终于了解为何阿尔萨斯人会如此喜爱它，现在它已成为我最爱的乳酪之一了！

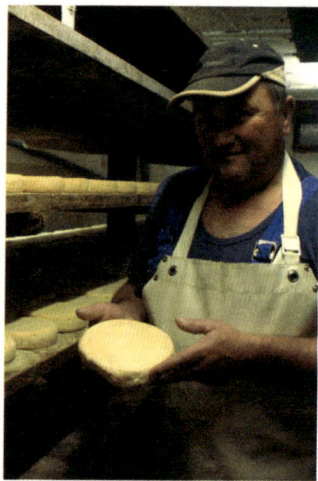

酒与餐的结合，是加、减、乘、除?
如果搭不好，就同床异梦吧！

黄素玉 | 台北用餐饮酒

恭喜你的身旁出现这么一位贴心的"侍酒师"（注1），竟然一手包办美食，还会在餐桌旁提供娱乐，表演魔术般地随手一伸就信手拈来一瓶最"对"的酒，让你的用餐惊艳指数直线上升。每当想起此情此景，就对你又妒又羡！因为相较你的美好用餐经验，我在供酒餐厅遇到美食与美酒完美结合的概率可谓屈指可数，原因可能出在我选择的多半是中价位的餐厅（注2），提供建议的葡萄酒服务生也不是那么专业，失败的概率不低，让我在历经了几次失望后，开始视"同床异梦"为常态，偶尔遇到"完美联姻"的餐饮时，就觉得幸福得不得了。

美酒与美食搭得好，就如同一场完美的"结婚"，但想要觅得如此良缘，需要多尝试、多累积经验。

　　首先，我必须承认，相较于我的喝酒年资，正式造访供酒餐厅却只是最近一两年的事。在这之前，我当然也有"喝美酒搭美食"的用餐经验，但等级很两极化，其一是出席五星级饭店、高档餐厅的记者招待会，因为吃的喝的都经过专业人士的精心策划，所以两者搭配得自是天衣无缝；其二是在朋友家或工作室聚会，葡萄酒大都从专卖店买来，除了必备的乳酪、面包外，随着加入人数的增加，也有人带来卤味、盐酥鸡、小笼包、烤香肠等中式小吃，胡乱搭、胡乱喝的结果就是时而龇牙咧嘴、时而笑得合不拢嘴。

　　后来，我对喝葡萄酒这件事比较认真了，也比较不会让"胡乱搭、胡乱喝"的情况发生，但要我花大钱去高级餐厅点酒佐餐，也实在不是我的作风。所幸，不知打哪来的机缘，身旁的旧雨新知突然就串联成一个小小的酒友圈，每隔一两个月，我们就会刻意寻找可以喝酒又可以吃饭的地方聚会。因为大家总是饥肠辘辘，所以通常是点完菜后才选一瓶白酒和一瓶红酒，同样的酒和菜，每个人的意见却不一定相同。就算是大家都觉得不错的菜加不错的酒，有时"正正得正"，有时却是"正正得负"，凭良心说，后者的经验还多一些，所幸，好友欢聚的快乐已凌驾所有，我们还是吃得很高兴、喝得很兴奋。

许多人常以乳酪来搭葡萄酒，但最搭配的组合也须多方尝试。

用酒佐餐的风气未普及

随着葡萄酒进口的品种越来越丰富，出现的地方也越多元，不同等级的酒不只陈列在专卖店、商场、超市，也成为五星级饭店、俱乐部，以及中式、日式、美式、欧式等高档餐厅的必备品，就连在寻常百姓出入的中价位餐厅也看得到它们的踪影。

根据我个人的观察，也许是国人普遍"用酒佐餐"的风气还未普及，提供葡萄酒的餐厅虽然不少，然而他们在对外宣传时，重点通常锁定在各式美食特色上，很少会提到葡萄酒，所以就算餐厅会提供酒，一般人也无从得知，除非通过口耳相传或到了现场才知道。事实上，大多数客人走进这些餐厅都是为了享用美食，比较不会想到点酒来佐餐，就算有，常见的是全程只开一瓶红或白酒，或只点一杯单杯酒（一般有红、白酒可选），很少看到客人会随着不同的前菜、主菜而搭配不同的红、白酒。为什么会如此？我想原因不外乎餐厅提供的酒选项有限也不便宜、怕喝醉失态、看不懂酒单、介绍酒的服务生不够专业等。

其实，我觉得最追根究底的原因还是，爱喝葡萄酒的人再多在台湾也只是少数族群，除去那些只出入某些高档餐厅及俱乐部者、只专注于品酒不习惯用酒搭餐者、只喜欢在家喝自己买的酒来搭自己准备的美食者，会出现在中价位餐厅点酒佐餐者自然就少之又少。

红酒的拥护者较多

还记得采访过一位进口酒商，他说在欧美，红酒与白酒的年均消耗量大约是1：1，但在台湾却是5：1。你也提过，班很不解为什么台湾人一窝蜂地只喝红酒，不喜欢喝白酒？你说他问倒你了，如果他来问我这个"以前不喝白酒，现在也开始喝白酒"的人，我想我应该可以说出一番"不是专家见解、没什么科学根据、纯粹个人想法"的小小说辞来。

为什么独钟红酒的人比喜欢白酒的人多？其一，当然就是个人偏好，不必非得问出理由，也不必掀起两方大战，就让彼此尊重各自的选择吧；其二，无论是大众媒体还是个人博客，关于红酒的各种报道和信息都比白酒多；其三，不管是相关知识、香气、口感，"感觉"上，红酒比白酒更复杂、信息更多元，所以许多人品酒都是从红酒开始，接触越多越好奇、越懂就越专情。

🍇 餐桌上的实验课

原先，我也是红酒的偏执狂，在采访过程中却被一些专家对于美酒搭美食的建议所引导，开始走出自己的象牙塔。他们说"搭配的原则主要就是'互补、提味'，或者以'重'压'重'，如果搭，就会感受到口齿生香，如果不搭，就会出现涩、腥等让人讨厌的滋味。所谓互补、提味，正如日本料理的炸天妇罗、生鱼片和香辣的川菜、泰国菜都可以用不甜的白酒来搭配，一来微酸的口感就好像柠檬的作用一样，可以提引出海鲜的鲜味，二来冰凉微酸的酒可以缓和味蕾上的刺激感，让料理的口感更怡人。所谓以'重'压'重'，正如偏甜的重酱味料理可以选择较甜甚至很甜的白酒来搭配。另外，在参加夏天的烤肉、野餐会时，可以带上一瓶冰凉微甜的粉红酒，因相较于红酒的'重'、白酒的'轻'，它更中庸也更具包容性，不管是主食、肉类还是海鲜都很搭配"。

于是，为了印证专家的说法，那年夏天我可是喝了不少白酒、粉红酒。也许是因为搭配了食物，我不喜欢白酒的酸、甜、冰被食物这么一中和，不但和缓许多，有时甚至因为餐、酒彼此呼应互补的完美结合，让我领略到一次又一次让人惊艳的感官体验。

最近我常在想，走进葡萄酒世界有许多途径，如果我一开始就从日常餐桌上接触葡萄酒，有许多机会去体会"美食与美酒搭配"的无限可能性，就算自己还是有所偏好，但至少不会一直将眼光锁定在红酒上。如果许多人也跟我一样，是从品酒开始爱上红酒，就是不喜欢或酸或甜还得冰凉饮用的白酒，就是不肯打开心胸去尝鲜，如我喜欢的"微酸不甜的白酒搭生鱼片"或你推崇的"颇甜的贵腐酒搭鸭肝"，不曾亲自感受过白酒搭某些美食所创造出来的惊人美味，任我们说得再天花乱坠，再怎么强烈推荐，也改变不了红酒拥护者的心吧？

图1、图2、图4 在意大利餐厅可以享受到美食，还可选搭意大利葡萄酒。 图3 美酒配美食，向来就是外国人日常生活中的必需品。图5 一些酒坊不仅卖酒，也提供美酒与美食的搭配建议。

充满变数的搭配

许多人都听过"红肉搭红酒，白肉海鲜搭白酒，甜点搭甜白酒，欢乐场合开一瓶香槟或气泡酒"等基本规则。同时，许多人也都了解这不是一成不变的定律，毕竟，不同国家、地区、酒庄生产的红、白酒各有特色，没亲自试过，很难单凭品种、对酒庄的基本认识就选"对"酒。就好像我依据专家的建议来选酒搭餐，结果也不是每次都"合得来"，所以我虽然赞同你说的"美酒与美食，就好像一对来自不同国度的恋人"，因为它们在本质上就是不一样，但有时，我也会觉得最没创意却最稳当的"结婚伴侣"，也许是生长在相同风土条件下的酒与料理，因为"最佳搭配"常常是经过经年累月不断错误尝试后才得出的结论，如果是在相同的环境，不管是找酒还是找食物都轻松多了，不但比较容易进行各种实验，也比较能够创造出最值得推荐、最普及于当地大众的搭配法。

当然，美酒搭美食的有趣之处就在于完全不相干的 A 遇上了 B，进而产生了不可思议的绝妙滋味，也是因为有这样的可能性，才让台湾的葡萄酒爱好者激发出无穷的信心，想要创造出专属于这块土地的"异国之恋"！

说来很有雄心壮志吧？但操作起来却不容易。事实上，根据我个人不多的经验来看，西式料理比中式料理还搭葡萄酒（我的媒体朋友曾经邀请知名的专业人士设计几款中式食物搭葡萄酒的菜单，结果不如预期）。原因可能很复杂，也许只有一个——我的火候不够，但没有人规定必须专业人士才能品酒，必须懂酒、懂菜才能进行"美酒加美食"的实验课，尤其这样的实验课一点都不枯燥，有得吃又有得喝，还可以"扮品酒专业人士、大玩斗嘴鼓（台湾的一种戏剧表现形式）游戏"，热闹得很。

用心品酒和轻松喝酒

其实，上品酒课时，许多专业品酒人对美酒搭美食的做法是采取"不鼓励但也不反对"的态度，因为在这样的场合里，本意是学习，主角是酒，尤其在一瓶稀罕或珍贵的酒粉墨登场时，如果搭错了食物或让食物抢了风采，不就可惜了主角的卖力演出吗？但是，如果转了场景，换成在一般的供酒餐厅里，他们的心态就轻松多了，甚至会建议大家，除非你了解、特别喜欢某瓶酒，否则不需要点太贵的酒，因为没试过的情况下成功与失败的概率各占一半，不搭的话就真得白搭了！反之，你也可以带熟悉的酒去餐馆进行自己的实验课，好处是已充分掌握了美酒的特色，再去选大厨所烹调的美食，成功概率大为提升，坏处则是必须额外付出开瓶费，一般从 120～160 元起跳。

以上是站在消费者的立场，那餐厅的老板或主厨又有什么建议？他们告诉我，最有趣的一个现象就是，酒单上最贵和最便宜的酒点的人都比较少，许多人都是从中价位的酒下手，觉得这样比较"保险"。但站在想让所有客人都感受到"宾至如归"心情的角度上，他们最想跟不是很懂酒却很想尝鲜的客人说："放轻松，别被酒单吓到了，不妨量力而为，不要太严肃，也不要自我设限，更不要害羞，尽管开口说出自己的需求，包括预算、个人口味的喜好，然后，请大家相信并尊重专业的建议！"毕竟客人通常是点完餐后才点酒，而最了解餐食特色的正是店家，所以至少给他们一个机会，如果觉得好，请大家不吝给予鼓励和掌声，如果觉得不佳，也请大家说出来，让他们可以再次学习。

不管是懂酒来选餐，还是懂餐来挑酒，都不是享用"美酒搭美食"的必备条件，事实上懂或不懂是比较级，真要打擂台，永远会出现更厉害的人。所以，与其完全准备好才走进餐厅，还不如放轻松直接登堂入室，让美酒和美食自己来和你对话。与其用"踢馆"的心态去批判眼前的餐酒，还不如用享乐的心态来品味它们。

🍇 体会慢食的真谛

你说，班无法想象吃饭时没有酒相佐是怎样的悲惨景象？哈哈，我想你和我一样，常常因为吃到了一碗热腾腾的面、一盘各式各样的甜不辣、一道集结了许多好料的小菜拼盘而觉得幸福得不得了，它们带给我们的愉悦感并不需要通过酒来锦上添花。不过，我也同意"以酒佐餐"有它的无可取代之处，除了搭配时可能产生让人惊喜的化学变化外，最重要的就是，开了一瓶酒一定会拖慢大家的用餐速度，一不小心就跃进慢食的圈子里。

许多企业界的大老板在宴客时，都喜欢到酒窖选酒、买酒。

　　你注意到了吗？以前我们吃小吃，顶多 **20** 分钟就搞定，到餐厅吃饭最多也不会超过一个半小时，之后就要转移阵地去边喝咖啡边聊是非。现在，我和我的酒友们去供酒餐厅，一边吃一边喝一边东聊西扯，至少都要两三个小时，有时待到餐厅打烊了还意犹未尽。一样是吃饭，就因为多了葡萄酒这个兼具"国际化、流行学与话题性"的贵客，其间我们就必须细细咀嚼每一口料理，还要记得把食物吞下肚后再闻闻香、轻抿一口酒，用心分辨味蕾接收到的滋味到底是优还是劣，还要不时碰碰杯、聊聊各人的心得感受，五官全部都在忙的结果就是吃、喝得特别慢，慢到我们不知不觉地就感受到慢食的真谛，享受到慢食的乐趣！

　　很多老生常谈的话有它的道理，如吃饭要细嚼慢咽，但知道是一回事，做不做得到又是另一回事了。以酒佐餐的经验让我养成了"细嚼慢咽"的习惯，懂得了以欣赏、品味的角度去面对眼前的餐酒，学会用珍惜的心态去感恩生活中出现的美好，而最美好的那一刻就在与朋友共享一瓶酒、一道料理的这个当下！

黄素玉的饮酒用餐笔记本

注 1 何谓侍酒师

侍酒师（法文 sommelier，英文称之为 wine steward），工作内容包括葡萄酒的采购、酒单的安排、提供给客人最恰如其分的介绍和建议、酒的递送、服务、训练餐厅的其他服务人员，以及贮藏和看管酒窖。在欧、美、日，必须经过考试取得正式证书才能成为侍酒师。他们或是与行政主厨（chef de cuisine）分庭抗礼，位于同一个级别，即高阶层的领导地位；或是身兼主厨或老板的身份，有时甚至是三位一体。相较于经常待在后场忙碌的主厨，侍酒师一般都会站在最前线，能够和客人面对面沟通，也能通过观察客人用餐、喝酒的情形来掌握他们的喜好，因此，主厨在开菜单时，通常会和侍酒师讨论，也就是说，侍酒师虽然不做菜，对于餐点的搭配却拥有极大的左右权。

在台湾，也有一些人通过在国外的考试取得了正式的侍酒师证书，但台湾的餐饮业并没为他们提供舞台，简言之，他们不见得有机会出现在高档餐厅为客人提供更专业的服务。

2010 年，由一群有心人发起成立了台湾侍酒师协会，英文名称为 Taiwan Sommelier Association（TSA），法文名称为 Association des Sommeliers de Taïwan（AST），宗旨就是集结台湾餐饮业的优秀人才，成为一致对外的窗口。协会的目的则主要锁定在争取并运用台湾与国外的资源来提升台湾的葡萄酒专业知识。协会的活动包括定期举办由专业会员主持的葡萄酒专题研讨、邀请来台参访的酒庄代表讲课、与各国在台办事处合作邀请专业会员参访葡萄酒产区等。

注 2 中价位的供酒餐厅

　　每个人对中价位的定义都不同，我只能用个人的经验值来作介绍，以 4 人为标准，点餐后再各加一瓶红酒及白酒，每一个人平摊下来的金额，如果在 300 ～ 400 元，对我来说就是中价位。当然，价钱的高低与点餐的数量、定价及开瓶酒的单价都有关，很难一言以蔽之，最好的方法就是亲自去试试看。

葡萄园对话

玛琳达 班 素玉

班

玛琳达

素玉

素玉："原先，我以为在台湾只有五星级饭店、俱乐部及高档的餐厅才提供葡萄酒，后来，经过我亲自造访及多方搜集资料后才发现，其实有不少的中价位餐厅也提供葡萄酒，不过我想自然比不上欧洲普及吧！"

玛琳达："的确，对于欧美人来说，葡萄酒不仅是饮品，更是文化、艺术、享受，绝非供发泄情绪的疗伤用品（如此似乎亵渎了酒农及酿酒者，诚如班常说的，'酒是要快乐的时候才喝'），加上葡萄酒文化自罗马时代已深植数千年，早和他们的生活密不可分，在欧美尤其是主要的葡萄酒产国，如法国、意大利，美食与葡萄酒已画上等号。在这里，不管何种等级、价位，无论提供何种料理（中国餐厅亦然），若没有酒单，不仅不配称做'餐厅'，恐怕也很难生存。"

素玉："相比来说，台湾的葡萄酒爱好者比较喜欢邀请朋友到家里品酒，或者参加各式各样的品酒会或课程，以此来品尝来自世界各地的酒款，比较少刻意前往餐厅点酒佐餐，就算有意愿，一般人选的还是中价位的餐厅。但在这些地方，常发现酒单品种不够齐全，而且整瓶开酒，从 100 元到好几千元不等，单杯或开瓶酒的选项更少，经常只有 1～2 种，因消费者少，餐厅开瓶卖单杯较不划算，所以定价也不会便宜，一般在 50 元左右，种种的高门槛限制让去餐厅点酒佐餐的人数一直少见大幅提升。"

玛琳达："在欧洲，就连寻常老百姓出入的大众化餐厅，也会提供开瓶酒，单杯酒价格在 20～30 元，如果想开一整瓶酒，也可找到 200 元左右一瓶的，和当地物价相比，不但'平易近人'，甚至可以说是物美价廉！也因此，在这里的餐厅用餐，除了未成年者、孕妇和健康状况不允许者只能喝果汁或矿泉水的人外，几乎每人手拿一杯酒，愉快地享用餐厅美食！"

玛琳达："除了餐厅，东西方饮酒文化差异还可从'敬酒词'、眼神交流及一些习惯上一探究竟，其中我也发现了许多有趣之处。就从敬酒词开始，东方人如台湾人、日本人等，最常说的就是'干杯'，所谓先干为敬，当然得很爽快地一口喝完，若真是不胜酒力，不能'恭敬不如从命'的话，也可说'你干杯，我随意'之类的话，接着用嘴巴轻碰酒杯，算是给了敬酒者面子。许多人喜欢通过敬酒表达心中谢意，而'礼多人不怪'，往往一顿饭下来就得敬酒不下数十次，被敬酒者再回礼敬酒数十次，这一来一往不间断，于是乎'干杯'、'谢谢'在席间此起彼落着，热闹极了！而西方人饮酒，最爱说的就是'Cheers'，当然这是英语国家的敬酒词，诚如我之前所说，大伙儿聚在一起喝酒本是件欢愉之事，所以举杯大声说出'Cheers'也能将气氛带到最高点。至于身为葡萄酒泱泱大国的法国，不说干杯，也少用'Cheers'，他们最常说的却是'Santé'（祝身体健康）。"

素玉："咦？这可奇怪了？喝太多酒不是有碍身体健康吗？怎么法国人敬酒却要祝对方身体健康，这不是矛盾吗？"

班："这可是有典故的，相传中世纪黑死病肆虐之时，许多人因此不敢喝饮用水，有钱人只好以酒代水，渴了就喝葡萄酒，没想到因此避过了这一劫难，后来渐渐演变成只要喝葡萄酒大家都会举杯祝对方'健康'！"

玛琳达："我不知道这是否是你们法国人为赞扬葡萄酒而编出来的理由，不过除了'Santé'，我很喜欢的另一句敬酒词是'Bonheur'（祝幸福，通常接于

'Santé' 之后,意即健康快乐),那感觉就像时下年轻人最爱说的 '一定要幸福',听起来很窝心!另一句很适合情侣的敬酒词则是 'A Nous'(祝我们),简单地祝我俩,可以是健康、爱情、幸福、未来……一切尽在不言中。"

素玉:"哈,这很有趣,那你们喝葡萄酒也会一直碰杯吗?"

班:"西方人举杯敬酒时,为了表示尊重,不仅要举杯示意,还会与在场所有人一一互碰酒杯,发出那'匡啷'的清脆声,甚至会有回音不绝于耳(尤其是那高档的水晶玻璃杯),在说敬酒词及碰杯时,双眼务必注视着对方眼睛,意将对方看进眼里,而越深情越显诚意,至于敬酒词整个席间只会说一次,不像你们热情的台湾同胞们三不五时就端起酒杯来敬酒。"

玛琳达:"的确如此,我们特有的敬酒习俗让班一开始还真有点丈二和尚摸不着头脑,好不容易才举箸将食物夹进嘴里,又有人来向他敬酒,令他急得赶紧放下筷子、猛吞食物,再拿起酒杯说着不流利的普通话'谢谢,谢谢',席间他偷偷问我:'不是才刚敬过酒了,怎么又要敬?'听了我的解释后,班才似乎稍微懂了那'杯酒释兵权'的微妙政治社交语言。"

班:"不过我还是有一点不懂,葡萄酒就是要慢慢品尝,静静感受其迸发出来的神奇氛围,那是最简单不过的享受,哪来这么多复杂的东西呀?"

- -

素玉:"班那么懂酒,在聚会喝酒吃饭时是不是爱玩'盲饮'游戏?"

玛琳达:"或许是得了'职业病',每次和班到亲朋好友家做客时,这群葡萄酒爱好者总爱随性地在餐桌上玩起盲饮游戏,主人把酒标遮住,要客人观色、闻香、品味后,猜猜该酒的葡萄品种、原产地及年份等,通常不限国家、产区、品种、年份,虽然范围过于海阔天空,不管对与否,这群男人还是玩得不亦乐乎。基本上,葡萄酒素养还算深厚的班,对于猜品种、年份、产区都还有些胜算,每当和结果相去不远时,他就忍不住地小小骄傲一下,答案揭晓后,大伙儿边喝酒边品头论足一番，若是一瓶好酒，尽管身为同行却不相忌，班总会大方称赞之，同时互相交换意见及经验，终究'千金易得，好酒难寻'哪！"

- -

素玉："你可否建议一下用餐时葡萄酒该怎么搭食物喝？是一口菜一口酒，还是吃完全部食物再喝酒？"

班："通常先喝酒，品尝葡萄酒的原味，之后再进食，用酒入喉的余韵来感受食物的美味，所以应该是一口酒一口菜，记住千万不要还没下咽就急着喝酒，若混在一起就会破坏两者的味道。"

- -

玛琳达："有人说睡前可来杯葡萄酒，以有助于睡眠？真的吗？"

班："其实，依照我个人的经验，如果晚餐配酒，的确可以帮助消化，让自己睡得较好，不过酒绝非安眠药，加上酒精比较像兴奋剂，所以得依个人体质而定，有些人或许能够睡得更好，但小心有时反让人过于兴奋而睡不着哦！"

- -

玛琳达："你个人最喜欢什么样的红、白酒？曾喝过什么令你印象深刻的酒吗？"

班："我喜欢的酒应该多到数不完吧，我平均 1 天约喝 0.6 升葡萄酒，尝过的酒有千百种。虽然多数人喜欢霞多丽丰富、饱满的果香，不过我最喜欢的白酒品种还是雷司令，因为它的细致优雅及其具有的微妙、清新的果味会在鼻尖和喉间久久萦绕不去，让我情有独钟，至于红酒，当然优雅的黑皮诺是我的最爱，其果味虽浓郁却不显沉重，单宁也较柔和，另外我也喜欢波尔多区圣爱美侬（Saint Emillion Grand Cru）的酒，它是由赤霞珠和梅洛混酿而成，口感强劲，果味浓厚，口感复杂、完整；还有隆河的康那士（Cornas），它是由席拉酿制而成，有着黑醋栗、甘草和皮革等强烈复杂的味道；我还喜欢蔚蓝海岸班多尔区的酒。我曾在瑞士尝过一款令我非常惊艳的酒，我个人认为瑞士红酒虽名不见经传，表现却非常突出。还有，第一次喝到朱哈的黄酒也让我记忆犹新，因其与众不同的口感超乎一般人想象。"

玛琳达："若平均一天喝 0.6 升葡萄酒（根据统计，中国消费者平均每人一年消费 0.5 升葡萄酒，等于班一天所喝就比中国人一年所喝还多……），代表一年约喝了 220 升，以一瓶酒容量为 0.75 升来算，也就是一年喝掉了 290 瓶酒，若以 25 年酒龄来计算，代表至今他共喝了 7000 瓶酒，这还不包括蒸馏酒和烈酒。"

第五章

购酒经验谈

你在阿尔萨斯

我在台北

身处两地

对酒的喜好也不相同

对选酒的想法却相当一致

那就是多喝、多试、多多精进自己的功力

他人口中的好酒

永远比不上一瓶让自己怦然心动的酒

选酒是门技术更是艺术
用自己的感觉来选吧！

玛琳达｜阿尔萨斯选酒

　　至今我还记得那瓶酒。那不是什么波尔多五大酒庄的酒，也不是什么特有佳酿年份的酒，只不过是之前在德国超市看到后顺手买的，一瓶才五六欧元（人民币50元左右），当我们品尝时，却被那果味浓郁、圆润柔顺的口感而吸引，相较于前一天那款价格不低却因酸涩坚硬被移至厨房作料理酒的法国隆河红酒，这瓶用新款葡萄酿制的德国红酒却带给我们无比的惊艳。

　　相信你也有类似经验，站在超市葡萄酒专区前或葡萄酒专卖店里，面对成千上百的酒款东看西瞧，尽管有时销售人员在身旁滔滔不绝，还是不知该如何下手。要选旧世界的法国、意大利、西班牙或德国酒，还是新世界的美国、智利、南非、新西兰或澳洲酒？如果想试试法国酒，那该选波尔多、勃艮第、隆河谷地、罗亚尔河，还是阿尔萨斯酒？如果从年份切入，是否应该先把不同地区的佳酿年份背好，且是否一定要选佳酿年份的酒？如果从品种下手，应该选何种葡萄品种？如果从价格考虑，该选便宜的还是多花点钱买贵一点的？如果价格差不多时，又该选择法国酒还是新世界酒？这种种问题在脑海里转呀转的，有时干脆想以抓阄方式随便抓就好，或是看哪瓶酒比较漂亮或顺眼就选哪瓶，这当然是玩笑话。

🍁 选酒就像读心术

　　的确，全世界大小酒庄及酒厂不下万家，酒款及品种更是多得难以想象，想要挑一款适合自己的好酒，有时就像大海捞针一样难，但如果换个角度来看，其实也没这么难，因为选酒术也像是"读心术"，你所偏爱的酒款多少泄漏了自己的个性，所以与其找"有名"的好酒，不如去挑"适合自己"的好酒。

打好基础功夫

当然，要学会如何选酒，首先必须打好基础功夫。就我的经验来说，一开始涉猎葡萄酒这玩意时，就和所有入门者一样，通过熟读许多葡萄酒专家写的书或参加各种品酒试饮会来增长见闻：认识全世界主要酿酒葡萄种类的特色，了解各地的风土条件，知道近十年来全世界产区的佳酿年份为何，更对那闻名遐迩的波尔多五大酒堡、勃艮第著名酒庄及多款所谓"梦幻"酒如数家珍（当初背得可高兴了，现在觉得如你、如我这样的凡夫俗子，这辈子恐怕只能"远观而不能亵玩焉"，还不如实际点，起身去找适合自己的酒）。

知道自己要什么

当你准备好选酒时，请记住"尽信书不如无书"，先把那一本本厚重的葡萄酒圣经、专家经验或餐厅和店家的舌灿莲花抛到一旁，开始用"自己的感觉"去寻找，因为世上好酒就如同好对象一样，虽不少，但要找到适合自己、自己也喜欢的却并不容易，所以最重要的事就是知道自己要什么。

保持开放的心

接着保持"开放的心"去大胆尝新，不要拘泥于既有的已知品牌，更要抛弃非哪个产国、产地或品种的酒不喝之类的"无聊坚持"，因为一旦故步自封，那通向葡萄酒世界的康庄大道将变成羊肠小径。所以，有机会就多试试其他没喝过的酒（总是要给其他酒庄或酿酒师一个机会吧），若不好，就当做给自己增加了一次经验，若是挑到了好酒，那就是赚到了，无论如何，都是意想不到的收获。

🍂 对葡萄酒常见的误解

许多入门者最常碰到的瓶颈就是不懂装懂、人云亦云，总觉得挑便宜、没听过的酒会被人笑，只好打肿脸充胖子去挑波尔多或勃艮第的名酒，以为跟着名气走，就不会有闪失，但真的如此吗？

产地决定高低？

尽管全球葡萄酒产地及品种有千百种，不过对于一些人尤其是入门者来说，波尔多和勃艮第红酒仿佛成了葡萄酒的全部，不可否认的是，波尔多及勃艮第红酒具有举足轻重的领导地位，仿佛只要它们打个喷嚏，全球葡萄酒市场就要感冒似的。

众所皆知，波尔多有着那享誉世界的玛歌酒庄（Chateau Margaux）、拉图尔酒庄（Chateau Latour）、拉菲酒庄（Chateau Lafite Rothschild）、欧·布利昂堡（Chateau Haut Brion）、木桐·罗斯柴尔德酒庄（Ch. Mouton Rothschild）五大天王，或者是素有"红酒之王"之称的勃艮第罗曼尼·康帝（Domaine de La Romanée-Conti，简称DRC）所产的罗曼尼·康帝等，这些酒庄的一军酒，没有几万元买不到，就连二军酒（副牌酒，通常品质较次等的酒会被打入二军之列）的价格也不低。

生于波尔多右岸的柏翠庄园，号称酒王。

当然我不否认，品尝五大酒庄的梦幻酒是许多酒迷梦寐以求的，我也是其中之一，只不过"梦想"和"现实"总有些差距，况且在我看来，唯有当你真正懂得葡萄酒，真正想为了品尝而品尝，真正想要一探那潜藏的尊贵灵魂，而非因其名气、价格或附庸风雅及炫耀心态时，才代表你准备好了。

图1、图2香槟酒也是许多人接触葡萄酒的入门款。图3、图4法国勃艮第及隆河地区的酒是宴客时的优秀选择。

　　你会不会想说，就算买不起那些葡萄酒天王、天后们，那最起码买二级酒或同个产区不同酒庄的酒也可（或许你会想"近朱者赤，近墨者黑"，位于五大酒庄附近的酒品质应该也不会差到哪里），反正只要打着名牌酒区、酒庄的旗帜，总不会错吧？对于你无可救药的"名牌"执著，我深感佩服，也必须承认这不失为一种选择的方法。

　　同样波尔多地区的酒，品质就一定和五大堡接近？我在前文中曾提过，酿酒好坏取决于天、地、人，尽管天与地的风土条件相同，然而人的差异终究会导致酒的差异，人的影响越深，差异就越大。对于初入门者，若一开始即掉入了名产地及名牌的泥沼中，久而久之，难免有井底之蛙之憾。就拿身处于酒乡的阿尔萨斯人做比喻，这里尽管有享用不尽且价廉物美的葡萄酒，不过他们却不会因此满足，还是喜欢搜罗来自四面八方的各个品种及等级的酒与好友分享，如此一来，他们对葡萄酒的认识就不会只局限在家乡的范围内，从而拥有更为开阔的视角。

品种决定命运？

一般人认识的酿酒葡萄品种，红酒不外乎赤霞珠（Cabernet Sauvignon）、品丽珠（Cabernet Franc）、梅洛（Merlot）、黑皮诺（Pinot Noir）、席拉（Syrah/Shiraz）、加美（Gamay）等；白酒则有霞多丽（Chardonnay）、白苏维翁（Sauvignon Blanc）、雷司令（Riesling）等，这些主流品种占去了葡萄酒市场的一大部分。

除了上述主要品种外，其实全世界还有不计其数你我听都没听过更别说喝过的品种，像是向来爱尝鲜的德国（当然这在法令极为严谨的法国是天方夜谭）及新世界国家都会尝试栽种新的葡萄品种，酿成新款酒，有时也会有意想不到的新发现，所以偶而试试选购新品种所酿的酒，也是品酒的乐趣之一。不管如何，记住不妨先当个"花心"的酒迷，唯有让自己的感官和它们一一谈个恋爱，才能从中了解不同葡萄品种的特色，看到最后，究竟谁才是你的"最爱"？

颜色决定喜好？

至于红酒与白酒到底哪种比较好、两者如何分出优劣的问题还是老话一句——纯粹看个人喜好、菜色、场合、天气及心情。红酒酒体扎实浑厚，香气馥郁深邃，单宁较多、较涩，好比一本内容隽永、字字凿刻的侦探小说，需花较多心思方能领略其中奥妙；白酒果香清新，酸甜适中，清爽易入口，像一本高潮迭起、深情甜蜜的浪漫小说，只要读过就能立刻心领神会。若偏好重口味，可以从红酒下手，对初学者尤其是女性来说，一开始就学别人喝红酒或许会被那厚重的单宁酸涩味给"吓到"，一杯香甜清淡的甜白酒或许会是比较好的入门酒款，可以轻松地带你跨入葡萄酒世界的大门。

年份决定好坏？

年份虽是选酒指标，但也可能是陷阱！有人过于注重年份，对于近一二十年的大年份如数家珍，买酒也专挑佳酿年份的酒款，心想就算没喝过，如此选酒总不会有差池吧，然而真是如此吗？

"对我而言，没有所谓的大年份，只要自己认真栽培葡萄及酿酒，年年都是佳酿年份！"当我提及佳酿年份时，班这么告诉我。

当然，依照每年气候不同，葡萄品质会有所差别，佳酿年份的完美葡萄或许可以让酒庄毫不费力地酿出好酒来，然而，歉收年份的酒就一定不好吗？虽然欠缺了"天、地"的关照，不过多了"人"的呵护，其实即使是歉收年份，只要多一份"用心"，也有可能酿出好酒来。而且世界如此之大，各产地的气候当然也不相同，佳酿年份也不一样，譬如波尔多的佳酿年份或许刚好是加州的歉收年份，又或者同一产地因采收时期正逢大雨而被归为歉收年份，但如果有些酒农早有远见地在大雨降临前就已先行采收，那该年对这酒农而言是否应该称为歉收年份呢？所以千万别一味地被佳酿及歉收年份牵着鼻子走。

年纪决定优劣？

众人皆盼青春不老，对于葡萄酒却觉得越"老"越好，不过老酒真是越陈越香吗？也对，也不对。一般说来，低价的、新世界的、酒体轻的酒，其适饮期（即为酒的保鲜期）要比高价的、旧世界的、酒体重的酒来得短。

《神之雫》漫画里所提到的酒款，也有酒坊专门在搜集、收藏。

最直接、简单的方法就是以价位来区分：低价位酒款或博若莱新酒因酒体薄、单宁低而较不经陈放，放久了恐变成醋，所以最好选择近一两年的年轻酒款，开瓶即喝，千万别因买到一款几十元的"欧巴桑"酒而沾沾自喜；至于中价位酒款年份最好挑 5 ～ 10 年的；高价位酒的适饮期可以拉得比较长，从 1 ～ 20 年到 5 ～ 60 年都有可能，虽然不少明星级专家们在观测"天象"或品酒之后，都会洋洋洒洒地臆测该酒的适饮期，不过要知道就算是股市"神算子"也未必能百发百中，所以专家建言还是"仅供参考"即可，除非用作投资或当"展示品"，否则买来了的酒，只要时机对了、人对了、场合对了、心情对了，就开瓶吧！

大师决定一切？

"谁不爱高分？"对许多酒迷及专家来说，选一款好酒，除了其身家背景好外，还需要有一堆专家名人来提携（那感觉就好像那些受上天眷恋的豪门名媛们，家世背景好也就罢了，最气的是居然长得又美、身材又好、学历又高，最后还被豪门选中，接着嫁入富贵人家，过着少奶奶的生活），最好是出自名酒评家的"高评分"（最好是那酒坛上最享誉盛名的罗伯特·帕克），并且附注几句备注，如此这般下来，一定可以让该酒声誉扶摇直上（当然价钱也成正比），让酒迷们趋之若鹜，心想这么多酒不可能每款都喝过，那听酒评大师说的总没错吧！

当然，大师之所以称为大师，其中自有其道理，不过尽管如罗伯特·帕克也不可能尝遍天下所有的酒，那些"有幸"能出现在他面前请他评鉴的酒多少得要有点关系及知名度才行；再则，所谓的知名酒评家评论酒一定公正吗？毕竟，品酒有时是很个人的，因故常常产生歧异，所以，我还是老话一句：那些酒评大师级明星专家的酒评还是"仅供参考"就好，千万别拿来当做选酒圣经。

得奖决定名气？

当然，那鼎鼎大名的罗伯特·帕克没有"奇迹"般地翩翩降临我家这偏远的小小酒庄，不过所谓"英雄不怕出身低，万丈高楼平地起"。希望自己的酒能见度可以更高，同时也希望听听别人的看法，班每年都会选一些自认不错的酒参加国际竞赛及葡萄酒指南书推荐的征选（注1）。

几乎每战出师必捷的他，尽管得了许多国际金牌奖项，也屡获《法国年度购酒指南》（Le Guide Hachette des VIns）的推荐，他还是很低调，不期盼"养在深闺无人识，一朝成名天下知"，也没有太大的野心，甘心当个"结庐在人境，而无车马喧"的"隐士"。因为得奖对他来说，是对自己创意及努力的肯定，仅此而已，所以镀金的酒不会因此而水涨船高，对待没得奖酒的态度也一样，他只喜欢和老客户分享一杯他酿的好酒，看着他们沉浸其中的陶醉神情，才是他最大的奖项及评分！

如果你心甘情愿当傻瓜，而不在乎同样一瓶酒为何价钱三级跳，我还是要提醒你，不要以为得了奖或高评分酒就一定适合自己，千万别让这些外在光环冲昏头脑，还是自己的味蕾最重要。

价格决定品质？

价格一定和品质成正比吗？一分钱真是一分货？对，也不对。我曾看过一篇报道，里面提及一位在加州那帕拥有两家大酒厂的亿万富翁戈登·盖，他戏称自己是个"小气"的人，虽然喜欢到世界各地去买酒，但钟情于25～30美元（人民币160～192元）的平价好酒，他认为若能在这个价位区间挑到好酒，那真是赚到了（注2）！

亿万富豪喜欢喝平价好酒，因为他了解"物超所值"的真义，而非一味争"名"逐"贵"。这并不表示名贵酒不能买，然对于入门者来说，选择高价酒风险过高，因为不是喝不出酒的价值就是酒不值这个价。至于太便宜的酒，品质绝不会好到哪去，班也曾因好奇数次在超市买了一两欧元（人民币一二十元，他好奇这酒怎么可能卖得这么便宜，因为这价钱在阿尔萨斯差不多只能买个空酒瓶）的新世界酒，当然，这酒喝了几口后还是免不了成为"料理酒"的命运，便宜或许可能发现好货，但若太过便宜就别期望太高吧！

如果你有心，那么不妨效法那位富豪，百尝自身财力所能负担得起的酒，然后一一记下自己喜欢的酒标，只要慢慢从经验中学习，渐渐地就会找到最适合自己的酒。

🍃 大鲸鱼与小虾米

诚如我之前跟你说的，因种种商业考虑及关卡，多数能出口到台湾的不是"有钱有势、产量又多"的大酒庄，就是名气大的名牌酒，根本轮不到家庭式酒庄或独立酒农的份，因为唯有量产才足以应付全球的出口市场（注3）。

大酒庄的优势

大酒庄由于需求量大，得另向附近酒农收购葡萄或葡萄酒，于是每当采收季节时，大约在黄昏之际，在大酒厂或酿酒合作社门前就可以看见一辆辆装满葡萄的采收车大排长龙，蔚为壮观。并且，为了求量、求快，他们使用机器采收，用最先进的机器来榨汁、酿酒，并陈放于特大型不锈钢酒桶中，再经过完全自动化的装瓶、包装等生产线运作，然后以最快速度运送到世界各地。如此的数量与速度，绝非小酒庄能力所及。

简言之，大酒庄与小酒庄，就好像是一只大鲸鱼和小虾米，根本不能放在同一个天平上来衡量。

名牌酒庄的迷思

如果不是住在酒乡，我会和许多人一样迷恋明星酒厂的光彩。现在的我则最羡慕它们的"气势"，因为法令再多、限制再严苛，却总能因他们出现"特例"。它们养了一堆工人，可以用最快的速度在葡萄园工作，它们用机器如秋风扫落叶般采收，它们大量生产葡萄酒，它们有许多的营销及广告预算，它们还可以找媒体来采访以增加曝光度，他们可以请知名摄影师拍摄精美的宣传单及影片，它们派专人到世界各地参加昂贵的酒展，它们有办法请到酒评大师来写酒评，它们可以聘请许多酿酒师来帮忙酿酒，还可以购进最新颖的仪器来做品管，它们有精通各国语言的导游笑脸迎人地带游客参观葡萄园及酒窖（香槟区甚至有不少是搭小火车逛酒窖），它们有美轮美奂的品酒室，以及灯光美、气氛佳、如室内杂志样品屋那般梦幻的酒窖（说着说着，我的"酸葡萄"心态又发作）这些都是让多数酒庄难以望其项背的。

默默无名的小酒庄、独立酒农

大家应该知道，除了以上那些光鲜亮丽的大酒厂，还有成千上万的小酒庄及"校长兼撞钟"的独立酒农（就像班这类的）。他们"默默"经营着葡萄酒事业，他们没有大酒厂的雄厚财力及呼风唤雨的影响力，只是父传子、子传孙地一代代薪火相传，没有惊人财力，请不起一堆工作人员来帮忙，凡事都要自己来做，在他们身上看不见那耀眼光环，只有辛苦付出的背影和"种好葡萄，酿好酒"的执著。

相较于名牌，我更爱那些手作物，如手工饼干、香皂、皮包等，少了机器的冰冷，多了一份与"人"的亲切与自然感，所以每次在葡萄园里拍照，我都喜欢捕捉班的手，对我来说，那是双粗糙有力的劳动之手，是一双穿梭于葡萄园里并抚育葡萄及酿酒的手。

如果有机会造访独立酒农小酒庄，你就会发现他们的酒窖朴实无华，或许还有些老旧斑驳，因为对主人来说，这里只是酿酒、储酒之处，所以不会花心思去装潢，但他们会花心思来亲自接待你，衣履并不光鲜的他（有时还穿着一身灰尘的工作服）不会说冠冕堂皇的美丽词藻，没有制式化的笑容，只会拿出各种酒请你品尝，用最诚恳的态度来向你解说。如此地接待，不仅不会让人感到不自在，反而更像是到朋友家做客般轻松，大家就只是开心地聊天、品酒、吃点心，到最后，客人们真的都成了朋友。

没有宣传行销预算的小酒庄，就是由主人亲自上场，以自家酿的好酒来做口碑，让客人不仅变成朋友、熟客，更是最佳"宣传者"，如此一传十、十传百地介绍自己的朋友来买酒。

🍂 回归酒的本质

当你下次有机会到葡萄酒产区进行一趟葡萄酒之旅时，除了参观旅游葡萄酒指南书上的那几家知名酒庄外，不妨顺着葡萄园之路寻访不知名小酒乡中的小酒庄，或许会有意想不到的收获。

对我来说，"读万卷书不如喝万杯酒""坐而言不如起而行"，如何选酒并没有太多公式可循，却有太多的陷阱，因此，最好还是回归到酒的本质，若幸运买到价位公道、品质令人惊艳的酒，恭喜你捡到宝了，因为经验再丰富，有时候还是得靠运气（注4）！

葡萄酒的品种实在太多，与其人云亦云，不如多方尝试。

玛琳达的选酒笔记本

注1 关于比赛的秘辛

葡萄酒竞赛项目之多，大大小小加起来不下百个吧。光是阿尔萨斯，就有全球性的雷司令、灰皮诺、格乌兹莱尼等竞赛，区域性的还有柯玛竞赛等，还有评审全为女性的"女性葡萄酒竞赛"。在竞赛时，除了填写各种表格外，每款酒要交100欧元（人民币919元）参赛费用，对个体户酒农班来说，这不算是个小数目，故只能从众多酒款中挑出一款最有胜算的酒参赛，而实力雄厚的大酒厂则可以挑选许多款酒来参加比赛，胜算自然比较大。

而"葡萄酒年度评鉴书"更有多家大小出版社争着出，参赛酒农们除了得交高额参赛费用，若有幸得了奖或获指南书推荐，还得交奖牌、奖状及成千上万的小贴纸或套环（贴在每瓶得奖的酒款上）等的印制费用，若为出版社，或许还得花钱在自家酒评的小版面旁做个大广告云云，这些都是一笔不小的花费。班和我就常常戏说："算来算去，不管有没有得奖，最大赢家就是主办单位呀！"当然这是班和我的"阴谋论"，或许我们过于以"小人之心度君子之腹"，不过葡萄酒比赛除了靠实力也需要有财力。

注2 台湾之光威士忌

名牌不代表一切，小兵也会立大功，其实世界上还有很多好酒等着我们去发掘，就像一则"台湾之光"的新闻就是很好的例子。在英国《泰晤士报》举办的盲饮品酒会中，默默无闻的台湾威士忌竟然打败了拥有百年历史的知名苏格兰及英格兰威士忌，获得最高评价，当场令许多专家跌破眼镜，评审团主席还以为是愚人节的玩笑。当然这不是乱评的，据说是因为采用纯净的雪山水源酿制，加上天气较热，威士忌熟成较快，让台湾威士忌有着独到的美味。这消息从英国传到欧陆，班也注意到了："哇，你们台湾的威士忌居然比苏格兰的好喝？太令人讶异了，下次去台湾一定要试试！"身为威士忌爱好者的班这么对我说。"你才知道！不要以为台湾葡萄酒难喝就以为烈酒也不会好喝，台湾烈酒可是鼎鼎有名的！"我也趁机出一下他之前嘲笑台湾土产葡萄酒的气。

注3 进口酒甘苦谈

　　先声明这不是风凉话。来到法国以后，我才发现台湾酒迷能喝到的酒款较狭隘，因为需经过进口商以"商业"角度考量筛选，且因进口关税较高等因素，价格有时又高得离谱，消费者往往得用三分钱才能买到一分钱的货。不像法国各地酒款丰富，随时可用公道价钱喝到品质不错的好酒，常有朋友说想买我家的酒，可惜我一年只回一次台湾，又只能带上那么几瓶，亲朋好友们相聚时你一口、我一口就没了，于是又有人建议："干脆把你家的酒进口到台湾来呀！"

　　把酒进口到台湾？让台湾人喝喝同胞酿的酒？我是这么"痴心妄想"过，然而每次和进口商聊过后，挫折感简直跟气球般越涨越大，因为他们开头第一句话往往是："阿尔萨斯的酒，还是白酒，卖不了，卖不了呀！大家要么喝贵一点的、有名气的波尔多和勃艮第红酒，要么喝便宜一点的新世界的酒。你也知道，台湾葡萄酒消费市场还没像西方国家那样进步和成熟，消费者还需要再教育，而教育大计就跟一瓶好酒一样，需要时间和金钱让它熟成，实非进口商所能负担。"

　　其言下之意就是："阿尔萨斯白酒在台湾没什么名气，价格却比旧世界酒高，对进口商来说根本是赔钱货，现在进口商愿意进的阿尔萨斯酒，也只有那些'知名'大酒厂的酒，像你们这种没听过的小酒农，酒再好也卖不出去呀！"

　　又被泼了冷水。没错！我在台湾所见的阿尔萨斯酒，不外乎那两三家知名大酒厂，这几家酒厂的酒好不好，我不敢妄自评断，不过他们财力雄厚，专做出口生意，而其他没啥名气的小酒庄，连试都不用试，注定会成为"爹不疼、娘不爱"的"弃儿"。我当然理解进口商的商业考虑，也很有自知之明，台湾消费者的确需要再教育，许多酒庄如我家既没有知名度，又不是明星产区的酒，酒再好，对进口商而言都是冒险，不过我也梦想能碰到一位"仗义大侠"，品尝了我家的酒后敢拍拍胸脯豪爽地说："好！就凭你家的酒好，赔了钱也要帮你卖！"

　　希望，这样的奇迹能发生。

注 4 气泡里涌现的危机

价格与品质的关联，让我想到 2010 年新年前夕的一则香槟界大新闻。迎接新年少不了和亲朋好友举杯庆祝，然而近几年来，全球经济不景气让法国葡萄酒业者忧心忡忡，更直接影响到一向被视为金字塔顶端的香槟业者，为了促销，香槟业者纷纷降价求售，打开法国电视或翻开报纸广告页，都可见到一瓶香槟甚至不到 10 欧元（人民币 92 元）就可买到的消息，其中不乏知名品牌。

一瓶香槟不到 10 欧元？这可是破天荒头一遭，以低价买香槟，对消费者来说当然是好事一桩，然而班看了这则报道却猛摇头："香槟本来就是高贵形象的代表，现在居然一瓶不到 10 欧元，就好像从精品价沦落到菜市场价，短期间或许可以刺激销售量，但是长期来看，这样会让原本形象好的香槟出现内伤！"

的确，在全球经济不景气而物价却不断攀升的情况下，法国葡萄业者也碰到了危机，葡萄酒一向被视为非"民生必需品"，自然被排除于"必需家用"之外，又或消费者们开始寻求便宜的酒，撑不下的小酒庄只能关门大吉或被大厂并购。根据统计，光是阿尔萨斯区一年被迫歇业的酒庄就不下数百家，多数为小型家庭酒庄（经济不景气是原因之一，另外则是因为主人不会使用"电脑"和"网路"，不够信息化而被潮流所淘汰），而根据班做的"市场调查"，他的酒售价在阿尔萨斯算是中等之上，虽然大叹生意难做，班却坚持不降价："这是我辛苦酿的酒，是我的心血，要给懂得其价值的人喝，怎么可以随便贱卖？"

也许是对自家酒的品质有信心，所以班才能这么坚持走下去而无怨无悔吧！

选酒有时就像一场游戏
不论得失只管乐在其中！

黄素玉｜台北选酒指南

看完你有感而发的购酒指南，以前死记硬背下来的一堆东西好像都可以丢掉了。不过，毕竟人各有所好，所以许多说法和建议何妨就当做参考，尤其对入门者而言，非要他们先塞满一肚子学问并苦苦跟随某达人的脚步去选酒，实在有点太过劳民伤财。不如换个方法，比如先放空脑袋里的人云亦云、似懂未懂的知识，直接去和架上的各式葡萄酒对话，选回来的酒如果深得我心，再把这瓶酒的酒标当做功课，去查阅与它相关的酒区、年份、等级、品种（注1）等资讯，因为真心喜欢并与酒有了互动，读取到的知识就比较容易记在心中了。

站在琳琅满目的酒架前发呆，不知该如何选择，我想这是每个入门者都有过的阶段，随着经验累积，发傻的时间通常会缩短，但买酒的时间反而会越拉越长。因为对那些喝出兴趣、挑出乐趣的人来说，每瓶酒都可能带来中奖般的惊喜或不如预期的失落，不到开瓶好好尝过就无从得知，这就像买彩票一样，瓶瓶有希望，人人没把握。

接下来，如果你因为中了"奖"就不再去尝试新鲜货，只管买同样的自己喜欢的那瓶酒，或者只管喝而不愿意动脑去增进葡萄酒的相关知识，到后来，买酒就会变成一件例行公事。如果你愿意随着时日累进自己的功力，那么买酒的这段时间就会像是在玩一场专属于你与葡萄酒之间的游戏，有时斗智、有时捉迷藏、有时像是抢篮球或丢躲避球，无论哪一种，也不管得失，你一定都会乐在其中。

另类参考指南

当然，对入门者来说，任何专业知识、达人建议都可以仅供参考，但前题是必须了解基本概念，有些有趣的说法又何妨听听？

关于产地的需知

一般人听到波尔多、勃艮第，脑海里会立即将它们与红酒画上等号，其实波尔多的白酒占了总产量的三分之一，其中的苏特恩（Sauternes）更以贵腐甜白酒闻名于世。勃艮第也生产以霞多丽为主要品种的白酒，位于伯恩丘（Côte de Beaune）的梦拉榭（Montrachet）、高登·查理曼（Corton-Charlemagne）、莫索特（Meursault）号称是法国最具代表性的顶级白酒产地，另外，夏布利（Chablis）、夏隆内丘（Côte Chalonnaise）、马孔区（Mâconnais）也生产白酒。

五大酒庄都有生产二军酒，至于罗曼尼·康帝（Domaine de La Romanée-Conti）则并未生产二军酒：

＊玛歌酒庄（Chateau Margaux）→红色阁楼（Pavillon Rouge）

＊拉图尔酒庄（Chateau Latour）→堡垒（Les Forts de Latour）

＊拉菲酒庄（Chateau Lafite Rothschild）→以靠近拉菲许阿德的（Carruades）
　葡萄园来命名的小拉菲（Carruades de Lafite）

＊欧·布利昂堡（Chateau Haut Brion）→高级副牌布利昂（Bahans Haut Brion）

＊木桐·罗斯柴尔德（Ch. Mouton Rothschild）→小木桐（Le Petit- Mouton）

　玛歌酒庄　　　　拉图尔酒庄　　　　拉菲酒庄　　　　欧·布利昂堡　　木桐·罗斯柴尔德

关于品种的喜恶

葡萄品种，可谓族繁不及备载，每个人都可以有自己的喜好，但有些品种却因为太受欢迎了而被某些族群视为拒绝往来户。比如，有些人讨厌梅洛，因为它的口感太圆润、太讨喜；有人不爱霞多丽，因为它的名气实在太大、太好种了，栽植范围几乎遍及新、旧世界及任何一个酒庄，于是有人成了"ABC"一族，即"Anything But Chardonnay！（除了霞多丽！）"

但事实上，同样的霞多丽，会因风土条件不一样和有无在橡木桶中发酵等做法的不同而呈现出不一样的风格。比如，在法国夏布利地区，以霞多丽酿制的白酒带有明显的酸度、或淡雅或浓郁的果香，以及清晰的矿石味，而在澳洲的霞多丽白酒则口感甜润，美国加州的霞多丽白酒则带有奶油、熏烤、坚果等浓香，在新西兰的霞多丽白酒带着柠檬、白桃等的气息。

关于红、白酒的认识

酿酒葡萄虽然分成红葡萄及白葡萄两种，却可以因为酿造程序而玩出变色游戏，如红葡萄品种中的黑皮诺可以将整颗葡萄连皮带籽榨汁，再一起发酵酿制为红酒，也可以在连皮带籽榨汁后去掉皮、籽，再发酵酿制为白酒。另外，去皮的黑皮诺也可以作为生产香槟、气泡酒的主要原料，也正因为如此，有黑皮诺的地方大都可以见到红酒、香槟或气泡酒。

关于年份的密码

依据好年份（注2）来买酒者有他们的道理，但老实说，想要记住所有产区的佳酿年份颇为困难，不如就选你一定不会或不想忘记的年份，如你自己出生、结婚、第一个小孩子降临的年份，或者初恋、失恋、升迁到高级主管等具有纪念意义的年份，这些年份有如你自己的密码，对你意义非凡，想要忘记这4个数字应该不太容易吧？

当然，说来有趣，实际执行起来却不容易，因为如果你是熟男熟女，口袋又不够深，肯定买不起那些可经陈放并且已经陈放数十年的酒。如果选的年份太新，想买来陈放多年，以备在恰当时候开来庆祝，可得花些心力去了解哪些酒可以陈放、值得投资，之后还得想办法将它存放好！

关于年纪的考虑

任何一瓶酒，无可避免地一定会走到衰败期！如果你实在无法判断一瓶酒到底值不值得等待，不妨来听听某位酒商的说法，100 元以下的酒，等都不必等，选的年份越新越好；200 元以下的酒，如果你很喜欢，可以赌一把试试，但一般来说等待期不会太长。以上说法也许是在商言商，但换个角度来想，便宜不见得没好货，但要找到一瓶又便宜又可以陈放的酒，会不会要求太高啊？

关于大师的推荐

不管是罗伯特·帕克还是《神之雫》的作者所推荐的好酒、名酒，无论你觉得值不值得花大钱买来过过干瘾，只要这些人一出手，全台湾的葡萄酒专卖店（注 3）就跟着睁大双眼，在自家酒窖里寻寻觅觅，如果有幸进了这款酒，一定会昭告全天下并将相关海报高高挂起，让你不注意它到都不行。

关于得奖的酒款

也许你永远搞不清楚葡萄酒国度里到底有哪些竞赛，不过，如果你常逛国内几家知名的专门进口高级葡萄酒的专卖店，不用你开口询问，他们也会将得奖的各家酒庄、酒款明显地标示出来，尽管仔细瞧瞧，看一看不需要花钱，想买前再摸一摸口袋吧。

关于价格的选择题

到底该花多少钱买一瓶酒，每个人的标准都不一样，但根据你选酒、买酒的地方不同，却有一定的标准，如葡萄酒专卖店的价位大都从 120～140 元起，有时甚至高达数万元，但如果是在超市购买，价位则在 40～800 元。

前往葡萄酒专卖店买酒的好处是，有懂葡萄酒的人可以为你提供咨询服务，可以根据你的预算、口味偏好来提供各种选项。因此，这里也是我在送礼或者在重要节庆、特殊日子时的采购地点，此时我就会挑一瓶平日舍不得买、知名酒庄的酒，一来尝鲜，二来则是自我教育，想亲自体验贵的酒到底是怎样一个好喝法！

前往超市买酒的好处则是：价位范围很宽，而且可以慢慢地看、细细地挑，于是这里就成为我补充"平常日饮"的采购地点。起先，我都是锁定新世界的酒，一来它平价且简单易饮，二来可以喝到单一品种的酒款，后来心越来越大，开始设下主题，比如勃艮第 AOC 级、VIN de PAYS（地区葡萄酒）的酒款，没有试过的南法、意大利、西班牙等地的酒等。一般扫货回来的酒价位大多为 60～140 元，它们常常是我和家人、朋友假日聚餐时的助兴剂，也是我熬夜写稿、上网聊天后或临睡前的晚安吻！

前往葡萄酒专卖店时，不妨直接将自己的预算、喜好告知现场人员，让专家来协助你选酒。

黄素玉的选酒指南笔记本

注1 关于葡萄酒的相关知识

◎法国知名葡萄酒产区（从北往南）

产区 / 品种	分级制度 / 特色
香槟区 Champagne *位于法国北部，是全世界最知名的气泡酒产区，唯有在这里生产的气泡酒才能称作香槟。 *白葡萄品种 霞多丽（Chardonnay） *红葡萄品种 莫尼耶比诺（Pinot Meunier） 黑皮诺（Pinot Noir）	*法定产区葡萄酒（AOC）中，有17座村庄列为特级葡萄园（Grand Cru），有40座村庄列为一级葡萄园（Premier Cru）。 *为了维持一定的品质，酿酒师会调配、混合使用各种年份的葡萄来酿造香槟，所以一般而言，并不会在酒标上写出年份，除非遇到佳酿年份，才会推出年份香槟（Champagne Millésime），并在酒标上标注年份。 *最常见的香槟都是以霞多丽为主，加上去皮的黑皮诺、莫尼耶比诺混酿而成，称为"黑中白"（Blanc de Noir），另外还有使用100%霞多丽酿制的香槟称为"白中白"（Blanc de Blanc），以及使用较多黑皮诺、略少霞多丽及一点莫尼耶比诺，再添加少许红葡萄酒酿制而成的"粉红香槟"（Champagne Rosé）。 *香槟的甜度标示 Extra Brut　低于6克（每升含糖量） Brut　低于15克 Extra Dry　12～20克 Sec　17～35克 Demi Sec　33～35克 Doux　51～100克
阿尔萨斯 Alsace 位于法国东北部、德法交界处。因历史因素使然，人文、地理环境及葡萄品种、酿造法都兼具德、法风格。 *白葡萄品种 格乌兹莱尼（Gewürztraminer）、白皮诺（Pinot Blanc）、麝香葡萄（Muscat）、灰皮诺（Pinot Gris）、雷司令（Riesling）、希瓦娜（Sylvaner） *红葡萄品种 黑皮诺（Pinot Noir）	*主要为法定产区葡萄酒（AOC）级别，其中有51座特级庄园（Alsace Grand Cru）。 *大多采用单一品种来酿酒，九成以上为白酒，另有气泡酒（Crémant d'Alsace）及红酒。此外，也酿造"迟摘型葡萄酒"（Vendanges Tardives）和"逐粒精选贵腐酒"（Sélection de Grains Nobles）的甜白酒。

产区 / 品种	分级制度 / 特色
卢瓦尔河谷 Loire Valley 位于法国西北部，本区被称为"法国的花园"，葡萄酒产区主要集中在中下游。 ＊白葡萄品种 　白梢楠（Chenin Blanc）、 　麝香葡萄（Muscadet）、 　白苏维翁（Sauvignon Blanc，又称水芙蓉） ＊红葡萄品种 　品丽珠（Cabernet Franc）	法定产区葡萄酒（AOC）和地区餐酒（Vin de Pays） ＊本区分为四大产区： 1. 南斯（Nantes），以生产麝香葡萄（Muscadet）不甜白酒闻名。 2. 昂儒 - 索密尔（Anjou–Saumur），昂儒主要生产粉红酒及白酒，索密尔出产气泡酒、红酒、不甜白酒以及半不甜型的粉红酒；南岸的莱阳丘（Coteaux du Layon）以甜白酒最知名。 3. 都兰（Touraine），主要生产红酒、白酒、粉红酒、新酒及气泡酒。其中都兰区西边的 3 个 AOC 级产地，包括希农（Chinon）、布尔格伊（Bourgueil）和尔格伊 - 圣尼古拉（St.-Nicolas de Bourgueil），生产本区最优质的红酒，另外的沃莱（Vouvray）和路易（Montlouis）则生产白酒。 4. 中央（Centre），上游主要生产不甜型白酒，以桑塞尔（Sancerre）和普宜 - 芙美（Pouilly-Fumé）最为著名。
汝拉 Jura 位于法国东部，是全法国保有最多传统风味的葡萄产区，生产许多风格独一无二的葡萄酒。 ＊白葡萄品种 　霞多丽（Chardonnay）、莎瓦涅（Savagnin） ＊红葡萄品种 　黑皮诺（Pinot Noir）、普萨（Poulsard）、特鲁索（Trousseau）	＊法定产区葡萄酒（AOC） ＊可再细分为：朱哈丘（Côtes du Jura），主要生产红酒、白酒、粉红酒、黄葡萄酒（Vin jaune，参见 P.86）、麦秆酒及气泡酒；阿尔布瓦（Arbois），以红酒较为著名，其他酒种亦有生产；埃托勒（L'Etoile），主要生产不甜白酒，也产有少量的黄酒；夏隆堡（Château-Chalon）只生产黄葡萄酒。
勃艮第 Burgundy 位于法国东部偏内陆，号称是最能够表现法国葡萄酒风土条件、最具风格的产区，包含了无数的小酒庄及向酒农采买葡萄酒装瓶的酒商。 ＊白葡萄品种 　霞多丽（Chardonnay） ＊红葡萄品种 　黑皮诺（Pinot Noir）	＊法定产区葡萄酒（AOC），其中有 30 座特级葡萄园（Grand Cru），另外还有一级葡萄园（Premier Cru）。 ＊勃艮第的精华区位于金丘（Côte d'Or），又分为北端的夜丘（Côte de Nuits，以红酒闻名于世，知名的罗曼尼·康帝酒庄 La Romanée-Conti、香贝丹 Chambertin 即位于此区），以及伯恩市以南的伯恩丘（Côte de Beaune 以精彩的霞多丽白酒著称，顶级白酒产地的葡萄园有法拉榭 Montrachet、高登查理曼 Corton-Charlemagne、莫索特 Meursault）。

产区／品种	分级制度／特色
	*其他产区，包括知名的夏布利（Chablis，以生产带有特殊矿石香气的白酒而著称）、夏隆内丘（Côte Chalonnaise，生产红、白酒及粉红酒）、马孔区（Mâconnais，以白酒为主，另有红酒、粉红酒）。 *本区也生产勃艮第气泡酒（Crémant de Bourgogne）。
博若莱 Beaujolais 位于勃艮第南方，是法国著名的博若莱新酒（Beaujolais Nouveau）产区。根据法令，每年生产的葡萄酒必须要等到 11 月的第三个星期四才能上市。 *红葡萄品种 　加美（Gamay）	*法定产区葡萄酒（AOC），另有博若莱村庄酒（Beaujolais-Villages），以及 10 座优质薄若莱村庄（Crus du Beaujolais）酒。
波尔多 Bordeaux 位于法国西南部吉龙德省（Gironde）内，是法国最大、最知名的 AOC 葡萄酒产区。 *白葡萄品种 　蜜思卡岱（Muscadelle）、 　白苏维翁（Sauvignon Blanc）、 　赛美蓉（Sémillon） *红葡萄品种 　赤霞珠（Cabernet Sauvignon）、 　梅洛（Merlot）、 　品丽珠（Cabernet Franc）、 　马尔贝克（Malbec）、 　小维铎（Petit Verdot）	*本区拥有 57 个法定命名产区（AOC）及 9000 多座大、小酒庄，其中最知名的为 61 座列级酒庄（Cru Classé）、中级酒庄（Cru Bourgeois，或称布尔乔亚级酒庄）。 *除众所皆知的红酒外，本区也生产不甜白酒及甜白酒。 *本区因吉伦特河（Gironde）、加伦河（Garonne）及多尔多涅河（Dordogne）而切分为三部分： 1. 左岸地区，包括梅多克（Médoc，号称顶级葡萄酒的故乡，AOC 认证的有圣艾斯代夫 Saint-Estèphe、波雅克 Pauillac、里斯塔克 - 梅多克 Listrac- Médoc、圣 - 朱利安 Saint-Julien、穆里斯 Moulis、玛尔戈 Margaux 等村庄，五大酒庄中的拉菲酒庄、拉图尔酒庄、木桐·罗斯柴尔德酒庄、玛歌酒庄即位于这些村庄之内）、格拉夫（Graves，除红酒外也生产不甜白酒，五大酒庄中的欧·布利昂堡即位于此区），以及巴锡（Sauternes，以贵腐甜白酒闻名）、巴萨克（Barsac）地区。 2. 右岸地区，包括圣爱米利永（Saint-Emillion，境内最知名的酒庄为欧颂堡 Chateau Ausone、白马酒庄 Chateau Cheval Blanc 等）和波美侯（Pomerol，境内最知名的酒庄为柏翠酒庄 Chateau Petrus）； 3. 波尔多丘陵区，分布在加伦隆河及多尔多涅河山丘上的葡萄园。

产区 / 品种	分级制度 / 特色
罗纳河谷 Rhone Valley 位于法国东南部，拥有悠久的酿酒历史，以生产高酒精浓度、品质稳定的葡萄酒闻名。 * 北罗纳河白葡萄品种 马姗 (Marsanne)、胡姗 (Roussanne)、维欧尼耶 (Viognier) * 北罗纳河红葡萄品种 席拉 (Syrah) * 南罗纳河白葡萄品种 白歌海娜 (Grenache blanc)、布布兰克 (Bourboulenc)、克莱雷特 (Clairette) * 南罗纳河红葡萄品种 黑格娜士 (Grenache Noir)、卡利浓 (Carignan)、仙梭 (Cinsault 或 Cinsaut)、慕维得尔 (Mouvèdre)	* 区级法定产区：AOC Côtes du Rhône 村庄级法定产区：AOC Côtes du Rhône – Villages * 北罗纳河谷区，生产红酒（主要使用席拉来酿酒，强劲浓厚）、白酒（有杏、桃香和细致口感），以及气泡酒。 * 南罗纳谷区，生产红酒（色深、辛烈香味和果味，以教皇新堡 Châteauneuf-du-Pape 最为知名）、粉红酒（浓郁丰厚、劲度十足）、甜白酒（高酒精浓度，以哈斯多 Raseau 最为知名）。
普罗旺斯及科西嘉 Provence Côte d'AzurCorseProvence 位于法国东南方，本区的葡萄酒产量大，价位又适中。 * 白葡萄品种 克莱雷特 (Clairette)、罗尔 (Rolle)、赛美蓉 (Sémillon) * 红葡萄品种 赤霞珠 (Cabernet Sauvignon)、卡利依 (Carignan)、仙梭 (Cinsault 或 Cinsaut)、黑格那士 (Grenache Noir)、慕维得尔 (Mouvèdre)、提布宏 (Tibouren)、席拉 (Syrah)	* 法定普罗旺斯产区葡萄酒 (AOC) 和地区酒 (Vin de Pays) * 粉红葡萄酒 (Rosé) 是本区的招牌酒款，80% 的葡萄酒都是清淡可口的粉红酒。 * 普罗旺斯丘 (Côtes de Provence) 是本地最主要的 AOC 法定产区，主要生产粉红酒及红、白酒。
隆格多克和胡西雍 Languedoc&Roussillon 位于法国东南方，是全法国面积最大的葡萄园，产量占全国的四分之一，也是法国地区酒 (Vin de pays) 主要产区。 * 白葡萄品种 霞多丽 (Chardonnay)、白梢楠 (Chenin Blanc)、白格那希 (Grenache blanc)、马卡贝瓯 (Macabeu 或 Macabéo)、莫札克 (Mauzac) * 红葡萄品种 卡利依 (Carignan)、仙梭 (Cinsault 或 Cinsaut)、黑格那士 (Grenache Noir)、慕维得尔 (Mouvèdre)、席拉 (Syrah)	* 法定产区葡萄酒 (AOC) 和地区酒 (Vin de Pays) * 以出产地中海风味的红酒闻名。 * 隆格多克的都菲 (Fitou) 和高比耶 (Corbières) 所生产的红酒浓郁丰厚、劲度十足、单宁重、耐久放；胡西雍丘 (Côtes du Roussillon) 和胡西雍丘村庄 (Côtes du Roussillon Villages) 主要出产颜色深、带有香料及香草和果味的红酒。

产区 / 品种	分级制度 / 特色
西南部产区 Vins du Sud-Ouest 位于法国西南部，又称为阿马尼亚克酒 Armagnac，多样的环境和文化让本区聚集了许多风格独特的产区，生产全法风味最多样的葡萄酒，也是知名的白兰地产区。	*法定产区葡萄酒（AOC）和地区酒（Vin de Pays） *分为数个独立产区，各自拥有许多法定产区 1. 贝杰哈克（Bergerac），生产红酒、不甜白酒、半不甜白酒、贵腐甜酒、粉红酒。 2. 蒙哈维尔（Montravel），只生产白酒，包括不甜白酒（蒙哈维尔）及甜白酒（蒙哈维尔丘、上蒙塔维尔） 3. 卡欧（Cahors），本区所生产的红酒单宁强、耐久存，而且颜色极深，有黑酒之称。 4. 蒙巴齐亚克（Monbazillac），生产本区内最闻名的贵腐甜白酒。 5. 居宏颂（Jurancon），是最具西南区特色的甜白酒产区，甜度高、颜色金黄。

◎美国知名产酒区

最为大家熟悉的首推加州，从南往北，可大致分为 5 个各具特色的葡萄产区（包含鲜食、制造葡萄干的葡萄，以及酿酒葡萄），其中生产酿酒葡萄的知名酒区，从那帕山谷（NAPA，是全美第一个跃上世界舞台的酒区）、索诺玛山谷（Sonoma），一直延伸到中部海岸与旧金山湾区。

*从日常饮用的餐酒到足以和欧洲各国媲美的高级葡萄酒都有，比如，那帕境内的 Chateau Montelena 酒庄因为在 1976 年巴黎品酒大会中打败法国酒而声势扶摇直上，价位更是三级跳。

* 本地的白葡萄品种有霞多丽，红葡萄品种包括赤霞珠、梅洛、黑皮诺，以及本地最具代表性的葡萄品种仙芬黛（ZINFANDEL）。

*大部分加州的葡萄酒都是单一葡萄品种，保有品种原有的特性，并且在酒标上清楚标示出该品种的名字。

◎意大利葡萄酒分级制度

第一级（DOCG）为特定产区：必须符合法令规定的生产标准，包括特定的酒瓶大小、较低的产量许可，以及须进行试饮检查和化学分析。

第二级（DOC）为原产地管制，包括葡萄品种、颜色、香味、酒精浓度、酸度、成熟期长短以及最高产量，均须合乎标准。

第三级（IGT）为产自特定区域（省 / 区）：必须使用允可的葡萄品种。

第四级（VDT）：日常餐酒。

◎西班牙 DO 制度

西班牙 DO 制度从大类上将葡萄酒分成两种等级。

其一为普通餐酒（Table Wine）

＊ Vino de Mesa（VdM），指的是使用非法定品种或者方法，比如在里奥哈（Rioja）
种植赤霞珠、梅洛酿成的酒就有可能被标成 Vino de Mesa de 等级，相当于法国的
Vin de Table，部分则相当于意大利的 IGT。

＊ Vino comarcal（VC），相当于法国的 Vin de Pays，全西班牙共有 21 个大产区被
官方定为 VC，酒标用 "Vino Comarcal ＋ Tierra（产地）" 来标注。

＊ Vino de la Tierra（VdIT），相当于法国的 VDQS，酒标用 "Vino de la ＋ Tierra（产
地）" 来标注。

其二为高级葡萄酒（Quality Wine）

＊ Denominaciones de Origen（DO），相当于法国的 AOC。

＊ Denominaciones de Origen Calificada（DOC），相当于意大利的 DOC。

在 DO 或者 DOC 级的葡萄酒中，酒标上如果看到：

＊ Vino de Cosecha，指的是年份酒，要求必须使用 85% 以上该年份的葡萄酿造。

＊ Joven，指的是新酒，葡萄收获后来年春天上市的酒。

＊ Vino de Crianza、Crianza，指的是必须在葡萄收成年份后的第三年才能够上市的
酒（需要最少 6 个月在小橡木桶内和 2 个整年在瓶中陈酿）。

＊ Reserva，最少需要陈酿 3 年，其中最少要在小橡木桶内陈酿 1 年。

＊ Gran Reserva，只有少数极好的年份才会酿造的等级。酿造时，需要得到当地政
府的许可，并要求至少陈酿 5 年。

注 2 佳酿年份

想了解法国十大产区佳酿年份表，可至法国美食协会网站查询。法国美食协会网

址：www.sopexa.com.tw/index.htm

注3 台湾葡萄酒专卖店

　　在台湾，大大小小的葡萄酒进口商数量不少，他们从世界各酒区、酒庄采购来各式各样的葡萄酒，主要做法是将它们依不同价位、特色铺到市场上，包括商场、超市、专卖店、五星级饭店及各式各样的餐厅。部分进口商，则会开设自己的专卖店来展售自家的商品，但葡萄酒的产区太多，知名、不知名的大、小酒庄更多到不计其数，所以为了提供消费者更多元的选择，在这些店面里，有时也会兼卖其他进口商所进的葡萄酒。

葡萄园对话

玛琳达 班 素玉

素玉："关于买酒，市面上常见的书籍里提供的选项都锁定在比较有名气的酒区、酒庄，所以价位也都很不平民，反而在博客里还较常看到比较平易近人的选酒建议。"

玛琳达："我也这么觉得，我就曾经看到一篇广为流传的《三秒钟的选酒功夫》，文中强调想在朋友聚会时为大家挑酒以展现自己的选酒才华，必须记住以下原则：不可犹豫不决、迟疑不定，最好在三秒钟之内趁大家还没认清酒标上的庄园名字、没来得及把瓶子翻过来看背后的中文翻译时，就迅速断定今天哪瓶酒是幸运儿。"

"当然，想要在3秒内选对酒，也必须对葡萄酒特性及他人的消费行为了若指掌。比如，面对那些对选什么酒都没啥意见者，可以给他较为直接、简单的新世界酒，而新世界酒中，加州酒适合喜欢活泼热闹氛围的朋友，智利酒较适合文静乖巧的女生，如葡萄汁般清甜的智利霞多丽白酒适合刚入门的初饮者，个性稳定的澳洲酒适合挑来给不熟的朋友；反之，若意见较多者，最好挑选话题也多的旧世界酒，在众多旧世界酒当中，价格过低的波尔多酒不可靠，纤细出众的勃艮第酒最适合具有文艺青年气息的人，意大利或西班牙酒比较适合个性外向热情的人，德国甜白酒颇受天真可爱的女生欢迎。"

素玉："你知道我喜欢红酒，当我读到波尔多左岸的五大酒庄的名酒时，真是做梦也想喝，后来知道它们大多以赤霞珠为主体再混搭其他品种来酿酒时，好一阵子都锁定购买这个品种的新世界酒，想要尝尝它到底是怎样的口感。等习惯它的味道后，就自以为好酒应该像它一样单宁较高、酒体较厚重。后来，开始试喝黑皮诺的品种酒，虽然它比赤霞珠的酒体来得轻，而且带有微酸味，虽然是完全不一样的口感，却还是一样让我一喝钟情，我这才知道以前真是太自以为是了。"

玛琳达："我个人比较喜爱黑皮诺，因为它优雅圆润、果味丰富、单宁也不会过于艰涩。至于白酒则比较喜欢格乌兹莱尼，因为它带着浓郁的荔枝及玫瑰香气，口感也很圆润、香甜。"

玛琳达："我在读资料时常看到很多形容词，如'葡萄酒之王'、'葡萄酒之后'、'红酒之王'、'红酒之后'、'白酒之后'，但它们指的对象却完全不一样，有时还刚好相反，真是奇怪！"

素玉："开始时，我也常搞得一头雾水，后来好不容易才弄明白，会有这样的说法和历史因素及个人主观认定有关。因为在以前，英国人可是法国酒的主要大客户，他们最早称波尔多为'葡萄酒皇后'，称勃艮第为'葡萄酒国王'，原因可能是当时的波尔多红酒是一种颜色和口味都较清淡的酒，相较来说，勃艮第就较为浓重、强劲。后来，两个地区的酒表现出来的口感特色简直可以说是完全颠倒过来了，再加上波尔多的瓶身比较男性化，勃艮第的瓶身比较女性化，所以很多人喜欢用自己的感觉来形容它们，称波尔多为'葡萄酒之王'、勃艮第为'葡萄酒之后'，若依品种来论，有人则说赤霞珠是'红酒之王'、黑皮诺为'红酒之后'。"

"当然，尊重传统称谓的人也会辩称，波尔多的酒多是混酿，口味复杂多变，所以比较女性化，称为'葡萄酒之后'当之无愧；而勃艮第的红酒为单一品种的黑皮诺，口感比较直接，变化相对较少，所以比较男性化，称作'葡萄酒之王'自是名副其实。"

　　"另外，还有人称红葡萄品种中的赤霞珠为'葡萄酒之王'、白葡萄品种中的霞多丽为'葡萄酒之后'，主要是因为两者原产于法国，后来则在新世界中大量栽植，相较于红酒与白酒的口感，所以前者称王、后者称后，也有另一说法，霞多内为'白葡萄之王'、雷司令则为'白葡萄之后'。"

- -

　　素玉："以前，我听过一种说法，身处酒乡的人比较不会、也不愿意去喝其他地区的酒，听你说阿尔萨斯的人却喜欢去试各地的酒，班也会到处去买酒吗？"

　　玛琳达："我们家的酒窖简直可以用'堆积如山'来形容，多得让他喝不完，但身为酿酒者，他还是很爱四处购酒，无时无地都想去'探'酒，也不错过任何品尝好酒的机会，无论是在超市（他难得有空陪我去超市时，总是一溜烟不见人影，不用说就知道是跑到葡萄酒专区'赏酒'去了）、葡萄酒专卖店还是开放参观的酒庄（无论到哪旅游，他都会注意看哪里有卖葡萄酒，尤其到了葡萄酒产区，那根本就成了'葡萄酒之旅'）。"

　　班："是呀！我喜欢看看当下有什么新鲜货上市，有什么有创意的酒瓶、酒标或包装，有什么葡萄品种是我没见过的，或许因职业之故，我不仅挑自己喜欢的酒款，更会挑一些以新葡萄品种或新技术酿制的新酒以供研究用，往往也会有不少意想不到的发现，比如我之前找到的那瓶令人惊艳的德国红酒。"

　　玛琳达："对于班来说，每次参观酒庄，兴致所至时还会跟同行的酒庄主人'促膝长谈'起来，甚至彼此交换自家的酒做纪念（只要开车出游，车厢里少不了放上一两箱酒）。"

　　班："我不是常跟你说，喝到了对的酒就像是遇见知音人一样吗，尽管相隔千万里，尽管和酿酒者素昧平生，但通过这瓶酒就能立刻拉近彼此的距离，感觉好像可以和对方心电感应似的，让我兴起一种君子惺惺相惜之感。"

素玉："葡萄酒这么多，名气大的、曝光率高的当然比较容易被注意到，就好像明星代言的产品，想要低调、不被注意都难啊！"

玛琳达："说到明星代言，你知道玛丹娜、席琳狄翁、芭芭拉·史翠珊、车神舒马克等名人都在各地买下酒庄置产吗？还有你知道 2009 年法国戛纳影展开幕典礼中，官方御用酒款正是出自大名鼎鼎的法国国际巨星杰哈德巴狄厄在罗亚尔河谷地所拥有的酒庄吗？此外，滚石合唱团也在加拿大欧垦那根及美国那帕谷地投资酒厂，前者专门生产冰酒，2009 年时该酒厂拿出了雷司令冰酒参加全球雷司令竞赛，主办单位曾大肆宣传，虽然最后并未得奖（那一年，班倒是暗自得意，因为他的雷司令麦秆酒得了金牌奖，不仅表示他的酒比滚石的好，而且，价格还不到其 1/3），但着实引起多方注意，免费打了广告，看来不管是哪一行，只要有名人参与都会引人注意。"

素玉："我读过法国酒有分级制，其一为法定产区葡萄酒（AOC），其标示方式为'酒产区＋地方名、地区名、村名、葡萄园名＋控制'，这级的酒有严格的限制，包括只能用所标示出来的地方、地区、村庄或葡萄园所栽种的葡萄来酿酒，对于品种、最低酒精浓度、最大收成量、葡萄甜度、酿造法等都有详细的规定；其二为地区酒（Vin De Pays），其限制较 AOC 所规定的少，如可以混合一个或数个村庄的葡萄来酿酒；其三为日常餐酒（Vin De Table），是不受规定约束的酒，任何产区的葡萄都可以拿来混合酿造，通过混合酿造来降低成本是这种酒的特征。但我很好奇，较便宜的日常餐酒，品质就一定比较不好吗？"

班："日常餐酒是法国最低等的酒款，品质自然好不到哪里去，多半用于厨房用酒或一些便宜餐厅提供的开瓶酒，因为在法国酿造一瓶葡萄酒的成本并不低，所以若发现非常便宜的法国酒时，千万别窃喜，因为很有可能是品质非常不好的餐酒，同样低价，我宁可选择新世界的酒，品质会比较好。至于地区酒的品质则可能有好有坏，譬如某区的酒整体虽不好，无法进入 AOC 级，但也有可能出现本领不错的酒农，所以还是可能酿出不错的酒。"

玛琳达："为什么勃艮第葡萄酒比波尔多的酒要贵？"

班："应该这样说，高价名牌酒之中，波尔多和勃艮第两区不分伯仲，波尔多甚至不乏比勃艮第贵的酒，基本款酒中，平均来说，波尔多酒的确要比勃艮第便宜，尽管两区品质差不多，但因波尔多产区较大，产量较多，价格自然就被压了下来，所以市面上可见不少便宜的波尔多红酒，另外勃艮第的黑皮诺娇嫩难养，需要花较多心思照顾，成本自然较高。"

素玉："若要到葡萄酒产区买酒，这么多酒庄应该如何选择呢？"

班："若真想要探访质优且价格公道的酒庄，记住一个大原则，就是不要去观光大巴会停的酒庄，因为那多是专卖给不懂酒、只想买回家当纪念品的观光客，因此包装精美，价格也高，不过品质可不保证成正比。"

"我建议最好先上网查看，该葡萄酒区的官网或参考当地观光局列出的一些推荐酒庄，很多独立酒农也都很欢迎客人参访，不过不管大、小，除非是观光级的酒窖，最好都要以电话或网络方式预约，许多大型知名酒庄更只接受预约客人，旺季时需要提前一个月预约。"

"参观酒窖的方式可分为两种，大酒庄多有导游团，有些需付门票，参观完毕后会让客人品一两款酒，客人也可自由在商店里选购；至于小型的家庭酒庄，老板不只是工人还得兼导游员和销售员，一人分饰多角，所以如果只想参观品酒，没打算或无法买个几瓶酒的话，最好事先跟主人说清楚来意，看对方愿不愿意，或者以付费品酒方式参观亦可。"

玛琳达："的确，在法国，若以买酒为前提品酒，基本上是免费的，就像免费试吃、试饮那样，不同的是，品完了酒，主人当然也会期待你买酒，若因海关限制无法带酒的话，也最好先跟主人说一声，看主人够不够大方，是否愿意答应你的参访，或者干脆采用付费品酒方式也算是宾主尽欢了！"

包装配件篇

还没开瓶品尝到葡萄酒的内在美之前

一瓶酒其实已经通过外在美的包装

透露了它的故事

读懂酒标

善用各种器具和配件

是入门者必学的基本功课

不只内在，外在美也很重要
一瓶酒如何自我介绍

玛琳达｜葡萄酒的包装

　　她有着玲珑有致的曲线、令人血脉贲张的外表、千娇百媚的脸孔，有时她热情如火，有时却冷若冰霜，总不经意地流露出她内心的感情，当心房被打开之际，禁锢的灵魂也被释放，她化作丝绸般的涓滴，以最美丽的姿态旋转飞翔，跃入大海般的宽阔怀抱中荡漾着，然后，她苏醒了，绽放出最撩人的神韵、最芳香的气味……

　　酒除了好喝外，外在门面（周遭配备）也是卖点，更是用来"验明正身"的最佳证件。而不管是外行看热闹抑或内行看门道，这些配备多少可以看出该款酒的背景，甚至酒庄主人及酿酒师的特质。

　　身在一个讲究营销包装的时代，更因为葡萄酒的品项实在太多，想要让人一眼看上，许多酒庄就不得不开始在包装上下功夫，尤其是新世界酒庄为了和旧世界有所区别，更把葡萄酒当做艺术品或明星架势来包装，那日新月异的设计不但创意十足，更是新颖大胆，放在一大排酒海中就是很吸引人的眼球，让不少年轻或刚入门的酒迷趋之若鹜，也让不少传统酒庄望尘莫及且大感威胁，于是包装又成为新、旧世界彼此拉锯的歧异点。

　　其实，近年来，我发现旧世界也在顺应潮流地悄悄改变着，当然对于一些坚持正统的葡萄酒业者，仍使用百年历史以上的传承商标而不变，对他们而言，那代表优良传统，但如今在市面上，还是可以见到越来越多法国酒换了新风貌，甚至传统如阿尔萨斯也有酒庄请艺术家设计并开始尝试新包装，成效究竟如何却不得而知！

你知道虽然我也是属于"视觉派"一族，不可否认地就是会被亮丽的外包装所吸引，但我也了解，再惊艳的外衣终究还是要褪去，然后回归到酒的本质，因为最终让感官擦撞出美丽火花的还是那诱人的"内在美"，不是吗？

🍂 关于酒瓶的外观

"从身材就能猜到出生地"，人是如此，葡萄酒更是八九不离十，当然这是以旧世界的角度来说的。

波尔多酒的瓶身平肩有棱角，就和其酒体一样浑厚扎实，中国人认为它长得像我们的酱油瓶，不过其真正名称叫做"克拉黑瓶"（Claret），很有王者风范，新世界如加州某些产区也会使用这种瓶身；勃艮第酒瓶则斜肩具流线，当地称之为"勃艮第瓶"（Burgundy），其瓶身就好像它的酒一样圆润优雅，流露后妃风采，某些同以黑皮诺酿制红酒的新世界产区也偏爱这种瓶身；阿尔萨斯酒瓶

波尔多酒瓶　　　　勃艮第瓶　　　　阿尔萨斯酒瓶

和德国莫塞尔区相同都属于细长型，称之"霍克"（Hock），不过因跟长笛形状类似，因此又有人昵称为"长笛瓶"（Flute）。

另外，我个人则偏爱德国弗兰肯区（Franken）及葡萄牙部分地区使用的宛如"宰相肚里能撑船"的大肚瓶（Bocksbeutel），这种特殊有趣的瓶身有点像是 X.O. 瓶，不过更有人戏称其为"山羊的阴囊"（Goat's Scrotum），因其形状像垂下来的山羊阴囊（如此想象力未免过于心术不正）。至于香槟及气泡酒（Crémant），因需在瓶内进行发酵，其释放出的二氧化碳为大气压力的 5～6 倍，约为车胎内压力的 3 倍，故其瓶壁厚度约为一般酒瓶的两倍，方足以承受瓶内压力不至于爆炸。

不管酒瓶形状激发人们哪种天马行空的想象，对于旧世界国家尤其是恪守传统的法国来说，酒瓶形状即代表了该产区，属于 AOC 法定规范，比如阿尔萨斯区就只能使用霍克瓶，不能挂羊头卖狗肉。而新世界国家可就千变万化多了（旧世界国家中的德国也堪与之比拟，因为它是我所见到的在包装设计上最具创意的），只要你喜欢，它长得短、圆、扁或不规则都可以。

大肚瓶

我娇弱、我怕晒

至于酒瓶颜色也是有学问的。

诚如我总爱拿女人比喻酒，阳光也是酒的天敌，为了怕日光照射的高温使酒变质，酒瓶多以深绿或深棕色来保护酒，不过越来越多酒庄偏爱用透明玻璃瓶来装粉红酒、白酒或较不需要陈放的年轻酒，看起来更具设计感、更醒目，当然对酒庄也是挑战，因为"透明"会让人一眼看穿，所以更得确保酒色清澈无杂质。

来一款易拉罐葡萄酒

对于手无缚鸡之力的人来说，酒最令人烦恼之处就是"重"，一瓶酒750毫升外加约250克的瓶身（气泡酒瓶更重达700克）足足1千克，想想看，若随便带上个几瓶，就得有陶侃搬砖般的臂力和毅力（往好处想可以消除蝴蝶袖）。因此脑筋动得快的商人又搞出一堆新玩意，我就曾在超市看过有些酒商用利乐包、论斤卖的汽油桶来装酒，此外，一家美国设计包装公司更绝，还研发出和啤酒一样的易拉铝罐。想想看，不需要费工夫拔开软木塞，只要一旋开盖子、一打开水龙头，甚至一拉环，就可以倒出酒来，这种包装强调便宜、不易破碎又轻盈，外出携带更方便，绝对颠覆你对葡萄酒的印象！

不过从这些包装来看，怎么看都觉得里面装的应该是啤酒、果汁、牛奶甚至汽油，就是不像装葡萄酒的样子，难怪班不能苟同："这种放在铝箔包或塑料桶里的酒根本不能陈放，不变质才怪，所以里面放的一定都是那些廉价的酒，这哪能叫做葡萄酒？把它当做葡萄汁来喝还差不多！"

关于软木塞的功与过

谈完身材，再来说说酒的"头套"——瓶口。

众所皆知，为避免酒接触空气而变质，又要使其适度呼吸而不至于"闷死"其中，如何紧紧"套牢"瓶口成为关键因素。幸好聪明的欧洲老祖先们打从一开始就知道使用地中海沿岸生产的栓皮栎（Cork Oak，又称作"软木栎"）树皮做成的软木塞来封瓶，因其具有吸水性强、弹性佳、透气性好、抗腐坏变质性佳、经过高压后可以迅速恢复原形等优点，最适合拿来封瓶，让酒可以陈放多年而完好如初。

不同的木塞，提供了不同质感的选择。

诚然，用软木塞来塞瓶口已有数千年历史了，但是直至现在，仍有不少酒庄对它又爱又惧，惧怕它的"天威难测"，因为品质再好也难保不会有"凸捶"的事件发生，毕竟软木塞属于天然物质，除了得担心它产生霉菌影响酒质，也害怕害虫会侵噬它，所以，在为葡萄酒封瓶时，还会套上金色或银色锡箔纸来保护它。

软木塞让人又爱又怕？

根据统计，无论酒有多高级，软木塞（注 1）品质有多高，葡萄酒因软木塞变质的概率仍占 3% ～ 5%，即平均每 20 ～ 25 瓶酒中就有 1 瓶"中奖"，成了木塞味酒（Corked Wine），实不算少数！通常酒庄在贴酒标或出货前，一定都会再次检查软木塞，过滤筛选掉状况不佳者，但还是会出状况，不幸遇到这种问题，酒庄不只损失信誉，更需回收销毁，如此名利皆失的遭遇让酒庄愤而与软木塞业者对簿公堂！

直到现在，这种事件还是时有所闻。这也让班很伤脑筋，虽然他只使用最好的软木塞，但还是偶出状况，让他忍不住说出"我可以保证我的酒品质没问题，却永远无法保证酒不会因软木塞而变质"的话。

于是，全球规模最大的软木塞制造商 DIAM 近年来研发出一种号称"绝对不会让酒变质"的软木塞，原理是以高科技方法清洗，以求百分百去除软木塞中会让酒产生三氯苯甲醚（2,4,6 - Trichloroanisole，简称 TCA，存在于软木塞里，软木塞一旦产生霉菌就会让 TCA 浓度变高，酒便会出现所谓的木塞味）的分子，是否真如其所宣称的一样神奇？班说，自从他改用 DIAM 软木塞后，果真没有再出现因软木塞而变质的酒。

各种替代软木塞的选择

尽管科技日新月异后，软木塞不再是唯一选择，市面上可见一堆替代品，

如橡皮、塑料木塞、玻璃塞，甚至和啤酒瓶一样的金属旋转瓶盖等。为了节省成本，许多平价酒常用橡皮或塑料木塞，虽然保证不变质，不过不知为何，看起来就是"廉价"，缺少了那品尝葡萄酒的美感。至于近年来颇为盛行的由德国人发明的玻璃塞（Vino-Lock，又称为 Glass Stopper），号称为葡萄酒瓶塞的大革新，兼具开瓶容易（两只手指就能办到）、品质稳定、质感优、有小孔让酒呼吸、开瓶后易塞回去、环保（可资源回收）等优点，让班在试用于某款酒上后也相当满意，而他的客人也出乎意料地欣然接受，所以，尽管价格要比软木塞贵些，他仍然打算在未来增加使用玻璃塞的比率。

🍁 酒标的密码

那薄薄的一张纸上透露了她一生所有的"秘密"，她的年纪、血统、故乡、父母和荣耀等。

酒标（注2）可以说是酒的"身份证"，上面密密麻麻地拉丁文字和阿拉伯数字，字字玄机，标示了葡萄的采收年份、产国、产地、产区、等级、品种、酿酒师、酒庄、酒精浓度、所得奖项、编号等，因此入门者要想学会选酒就得先学会看懂酒标。

有人或许会疑惑，英文酒标也就罢了，其他如法文、意大利文、西班牙文、德文等"外星文字"没一个看得懂，该怎么办？别担心，全世界酒标虽然有繁、简或语言之分，其实大同小异，万变不离其宗，只要谨记下列几个重点，大致不会相去太远。

*年份

不少初学者会搞混，不知酒标上的年份指的是葡萄采收、酿造还是出厂年份，正确答案是采收年份。基本上，9 月葡萄采收后即开始酿造，故采收和酿造年份多相同，而年份也标示了该酒的出生日期，不少人以该酒出生于佳酿年份与否来推论其品质状况。

＊产地

分为产地国、产区及产地，如法国阿尔萨斯省海斯菲尔德村酒，在酒标上可看到 Product of France（为了看起来更国际化，许多酒标都以英文标示）、Grand Vin d'Alace（阿尔萨斯特级酒，或单写 Alace 也可）、Richsfeld（可能是产区名、领地名或村名，这对一些明星级酒村及酒区特别有用，尤其在波尔多及勃艮第区）。

＊等级

AOC 级酒（Appellation d'origine contrôlée，法定产区管控，不只适用于葡萄酒，同时也适用于乳酪、蜂蜜、薰衣草等各种农产品上）为法国最高等级的葡萄酒，若要成为 AOC 级酒（注3），就得符合法国国家葡萄酒产区管制局（Institut National des Appellations d'Origine）所有严苛的法定规范，包括葡萄园里可种植的葡萄品种、范围、密度、栽种、修剪方式、每公顷产量，甚至于收成时间、糖分、酿酒方式、酒瓶形状、酒标内容等，都不能悖离法令，否则随时都有可能被稽查员（注4）警告、罚款，若不立即改善，甚至会被降级为地区酒。

＊品种

除阿尔萨斯区外，法国其他地区如波尔多等产区的葡萄酒，多混合 2 ～ 3 种品种，故不特别标示出葡萄品种，不过近年来，有些酒庄会在酒瓶背面另外贴上一张酒标，标出该酒由多少百分比的不同葡萄品种所混合酿制，让消费者一目了然，至于阿尔萨斯区，因为多采用单一品种酿酒，故会单独标示出。

＊酒庄

对名牌酒来说，酒庄名称就像是品牌形象而极具影响力，不少酒迷会光看酒庄名称就决定购买与否。在波尔多，酒庄叫做酒堡（Château），不过可别被"城堡"这一名词冲昏了头，以为波尔多每座酒堡都和印象中的城堡或五大酒庄一样雄伟豪华，其实，尚有许多独立酒农（注5）经营的没有豪华门面的小酒庄也叫做酒堡；至于勃艮第及阿尔萨斯等产区，酒庄则是以"庄园"（Domaine）

命名之，仅有真正拥有城堡的酒堡方能名副其实地称为"Château"。不过，不管使用的是酒堡还是庄园之名，都代表着自产、自酿、自销独立经营的酒农，而非大型合作社或酒商。当然如果你想跨海当葡萄酒农（注6），把自己的名字印在自产的葡萄酒上也不是不可能！

＊装瓶

对于自产自销的独立酒农，如阿尔萨斯和香槟地区者，都是由酒农自行装瓶，别无他法，故并不需要特别标示出于何处装瓶。不过，在波尔多，不少酒庄都是直接将酒卖给酒商（法文为 Negociant，葡萄酒中介商）装瓶、销售，部分酒商甚至会将买来的酒另行调配装瓶，娇弱的酒最怕晃动、光线及高温，以上做法难免会让酒造成损伤，与原酒品质也会有所差异。因此，为了让消费者了解这酒从何而来，多数酒庄会标示"Mis en Bouteille au Chateau"，表示该瓶酒是在该酒庄里装瓶、销售，若标示"为 Mis en Bouteille par ＋酒商名称"的话，则代表该酒是由酒商装瓶。

＊编号

在法国，越来越多的酒庄喜爱使用编号标示每一瓶酒，每瓶酒都有一个不同的编号，如为酒标上身份证字号，让消费者感受到独一无二的尊崇，然而除此之外，似乎没有什么重要的意义。对班来说，帮每瓶酒编号"只是营销噱头罢了"！

阿尔萨斯的酒标图示

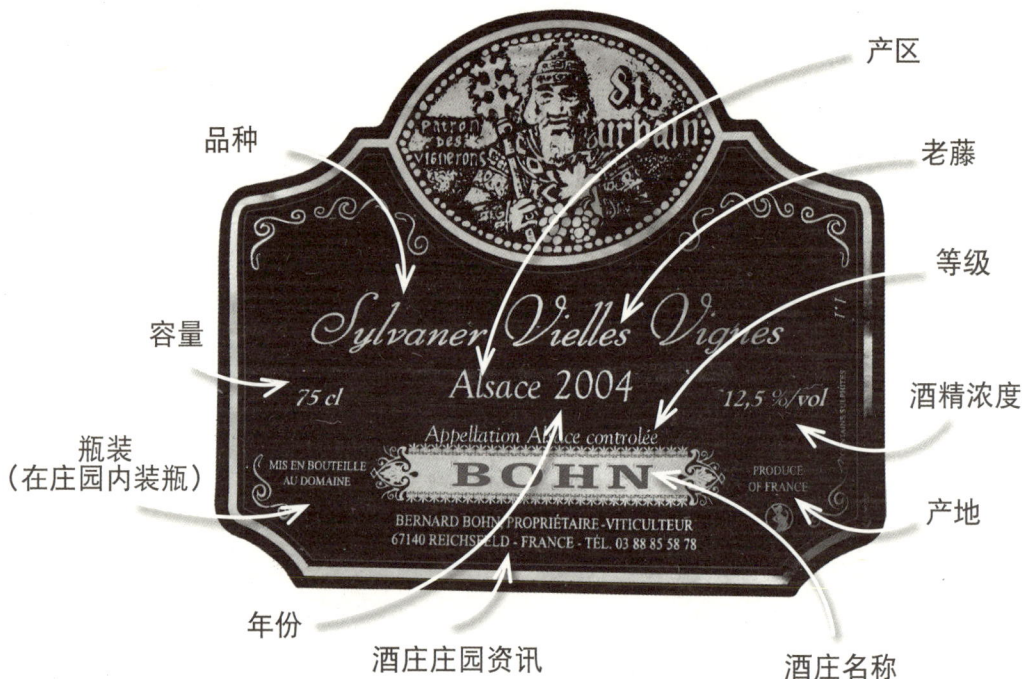

品种　　容量　　瓶装（在庄园内装瓶）　　年份　　酒庄庄园资讯　　产区　　老藤　　等级　　酒精浓度　　产地　　酒庄名称

🍁 关于酒杯的选择

　　不知你有没有印象，在电影《寻找新方向》中，热爱葡萄酒的男主角麦斯因极度失意而一个人跑到速食餐厅里，把珍藏许久的 61 年份的白马酒庄（Chateau Cheval Blanc）红酒偷偷倒在塑料杯里，一边牛饮一边大吃汉堡，看了可真令酒迷们揪心。如此珍贵的波尔多红酒本应该在重要时刻和重要的人分享，应该用最晶莹剔透的水晶酒杯盛装，没想到最后却沦落到被装在"塑料杯"里的下场，如此强烈反差透露了用塑料杯喝葡萄酒之大不敬，对酒迷如此，对酿酒者更是如此。

　　记得有一次在台湾，忘了是何种场合，班看到大家拿着纸杯喝酒当场愣住

了，同时面露不可思议的表情："你们……用纸杯喝酒？天哪！难道这里连一个酒杯都没有？"我想若他会中文的话，可能连"亵渎神明"之类的字眼都会说出来！

当然，对家中有着堆积如山、各式各样酒杯的他而言，实难以想象葡萄酒竟装在纸杯里喝！为避免造成他以为"台湾人只用纸杯喝酒"或"台湾没有酒杯"的错误印象，我告诉他那是因为身边没有酒杯，我们才会用纸杯，图方便而已，不过基本上多数人喝酒还是会用酒杯！

后来我才知道，其实班在意的倒不是非得拿什么正式酒杯不可，如果没有酒杯，玻璃杯、马克杯甚或塑料杯都能勉强凑和，但就是不能用"纸杯"，他的理由是纸杯上因涂有聚乙烯膜而有一股怪味，把酒倒进纸杯中会影响酒的味道，对品酒来说是一大败笔，他甚至还说"若什么杯子都没有的时候，我宁愿直接对嘴喝"。

酒杯里的奥妙世界

在欧美国家的家庭里，酒杯可是必备餐具之一，也是不可或缺的装饰品，对一些非常讲究的专家或酒迷来说，什么样的酒就得配什么样的酒杯，一点都不能张冠李戴，像波尔多酒得配身型优美的钟型杯、勃艮第酒则要配中广的喇叭杯、阿尔萨斯酒则配浅盘口的绿色高脚碗型杯（注7），而香槟要配窄口瘦长的郁金香杯。

直至今日，酒杯形状及功能设计可以说是日新月异，环肥燕瘦任君挑选，现在甚至还有强调搭配特定葡萄品种的酒杯，如专为波尔多赤霞珠、品丽珠等葡萄品种酿制的酒款设计的酒杯，另外还有适合卡本内、梅洛、里奥哈的酒杯，我也曾在某家酒杯专卖店中看到莉丝琳酒的专用杯。对于侍酒师及设计师来说，酒杯形状的不同显示出酒本质的差异，酒杯虽不会改变酒的本质，却可以影响酒的香气、果味、酸度、单宁及平衡感等。

＊钟状的波尔多酒杯（23 Oz）

因为此区的红酒酒体重、单宁高、果味浓郁、香气层次复杂，所以要用中广口窄的钟状设计，中广大肚是要让酒较大面积接触空气以柔和单宁，故斟酒时最好只倒约三四分满至杯口最宽处即可，勿因酒杯大就斟到八九分满，窄口则是要锁住浓郁的果味，同时导引酒流向舌中央，并扩散至四处，让酒的酸度及果味可以相互平衡。

＊体积最大的勃艮第酒杯 （25 Oz）

酒肚浑厚，杯口却如盛开的喇叭花瓣，稍为向内缩后又绽放，是因黑皮诺酸度略高、单宁柔和、香气优雅，碗形酒肚可使其细致香气充分散发出来，而喇叭口造型则是将酒先导入舌尖的甜感区，以此缓和酸度，平衡口感。

＊白酒杯

个子较小，用途却最广，因取其新鲜清新的果味而不需大范围接触空气，缩口处意在撷取香气，故举凡白酒、口感清爽柔和的粉红酒或红酒，都能一杯喝到底。

＊香槟杯

无论杯脚或杯身都呈现优雅修长的造型，郁金香杯形最常见，而不少杯底里有细微凹陷设计，意在减少酒的表面张力，让轻盈圆润的气泡不会消失得太快，而是可以源源不绝地涌出、上升，和其他静态葡萄酒不同，斟气泡酒时不妨倒至约七八分满，如此可通过修长杯身欣赏到一串串金黄色珍珠旋转飞舞着的美景，也算赏心悦目。

以上为酒杯制造商对各种酒杯的阐述，看他们说得头头是道、煞有介事，我却很疑惑，我们真的需要这么多款酒杯吗？不同酒杯真的会让同样的酒产生不同的效果吗？我和班把家里各种不同的酒杯全部拿了出来，再把各种不同红、

钟状的波尔多酒杯

23 Oz  25 Oz

白酒杯

6.5 Oz  10 Oz  12.5 Oz

小杯香槟酒杯   郁金香香槟杯   大杯香槟杯

6 Oz 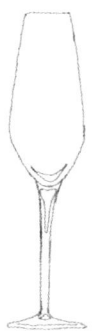 6 Oz  9.25 Oz

注：1Oz（盎司）＝31.1035克

白酒端上桌，准备来好好测试一下，而经过多次的测试结果，我们也有了自己的心得，那就是"大比小好、丰满比平板好"，别想歪了，我指的是容量大、中围广、开口缩。具有饱满曲线的酒杯的确可以酒迅速散发香气，同时让酒更加顺口，而小酒杯或直线形的酒杯更能表现酒的复杂度，尽管如此，真有必要每喝一款酒就得换一个酒杯吗？班说："对我来说，只要有一个中广大酒杯、香槟杯和阿尔萨斯杯就够了！"

是呀，品质好的酒杯价值不斐，一对出自名厂的水晶酒杯价格往往要上万元，普通玻璃酒杯一对动辄也要数千元，如果不小心被"洗"破（注8）了，可真是会让人心疼。其实，对入门者来说，家中只要备有香槟杯、红酒及白酒三个不同酒杯即绰绰有余，而挑选酒杯只要质地晶莹剔透、厚度适宜、重量恰当即可，基本上一个价格40～60元的机器制造的玻璃酒杯就够了，当然如果有钱也不妨买上几个知名品牌的酒杯。不过说起来，酒杯终究属于消耗品，要买就买那些打破了心也不会淌血的就可以了。

🍂 关于醒酒瓶的功用

不管你有没有亲眼见过或亲手试过，但相信许多看了漫画《神之雫》的人，都会被神咲雫将酒瓶高高举起并将酒如涓滴般缓缓倒入醒酒瓶中，然后如施了魔法般瞬间唤醒红酒的醒酒功夫而倾倒，世上是否真有如此盖世武功不得而知，至少我没见过，然而一个简单的醒酒瓶（注9）却有如此神奇的功效，这都得归功于它那"有容乃大"的气度和葫芦般的优美"曲线"。

酒到底要不要醒？

酒到底需不需要用醒酒瓶使其"苏醒"？若是，那又是哪种类型酒？需要多久，酒才会醒？答案众说纷纭，许多侍酒师及品酒专家皆各持己见，"公说公有理，婆说婆有理"，更让众酒迷们无所适从。

我们真的需要醒酒瓶吗？有人认为，只需在打开瓶盖后让酒静置一阵子进

行所谓的"瓶中醒酒"动作，又或直接倒入酒杯中使其"杯中醒酒"，无须大费周章地动用醒酒瓶。曾有一群品酒专家进行盲饮实验，将同款酒分三种方式处理，一是于品酒前一小时先开瓶，进行瓶中醒酒；一是品酒一小时前将酒倒入醒酒瓶中；一是品酒时开瓶即倒入酒杯中，结果专家们一致认为未经醒酒的开瓶直接倒入杯中的酒最顺口。

不过班却不认同，他认为酒款个性皆不同，不能等同视之，换了另一款酒，也许答案就会不一样。对于某些酒来说，醒酒瓶的确具有短时间内释放酒惊人潜力的作用，除非开瓶后隔天再喝，否则酒瓶口如硬币大小，酒在瓶中是无法快速苏醒的，至于倒入杯中也要等上好一段时间。

老酒还是年轻酒需要醒？

我们姑且说醒酒瓶有存在的必要，接下来问题又来了，什么样的酒需要醒？相信很多人跟我之前想的一样，认为理所当然是陈年老酒，因其静置于瓶中沉睡多时，单宁及香气已被锁住，开瓶后需要花较长时间接触空气，让酒呼吸苏醒并重新释放香气。乍听颇有道理，不过经由班的提点，我才恍然大悟："老酒经过长期陈放，通过软木塞上的细微缝隙，早有足够时间呼吸，若还使用醒酒瓶使其大面积接触空气并摇晃之，小心酒质本已脆弱的老酒会因过度氧化还没醒来就已死啦！"

在班的观念中，空气是老酒的天敌，开瓶后最好避免接触过多空气，若真要去除长期闷于瓶中的软木塞或二氧化硫等异味或酒渣，倒入换瓶器内即可，这也是为什么正统换酒瓶特意加瓶塞以阻绝空气的原因。真正需要醒的，应该是那些适合长期成熟型的酒（需要经过 5 ～ 10 年甚至 20 多年的陈放，才能完全熟成并让味道全开并散发出最佳风味），却在离适饮期还有好长一段时间的"年轻"阶段即被迫开瓶，此时的酒香气闭锁、单宁坚硬不可口，可以通过醒酒瓶让酒瞬间大面积接触空气，让酒得以呼吸，进而在短时间内达到高峰，舒展其浑厚酒体、软化单宁、爆发其原有的潜力。不过，对于酒体单薄的便宜酒来说，如此大费周章地醒酒并不会让它变得更好喝，所以也就不必拿出醒酒瓶来装模作样啦！

开瓶器

感谢软木塞的存在，让开瓶成了一种赏心悦目的仪式。

品酒是件优雅的事，开瓶仪式也得从容不迫，君不见许多餐厅侍酒师或侍者开瓶的那神态自若的模样，尤其是自诩为葡萄酒爱好者，更不能让自己在众人面前显得手足无措、窘态毕露或狼狈不堪，所以葡萄酒入门重点之一还包括学习如何"轻松地"开瓶。

我承认，我不是个巧手之人，更没有许多开瓶经验，以往总觉得开瓶这种事交给现场的绅士就可以了，而淑女如我只管巧笑嫣兮地坐着等酒送上门来就好了，然而如今身在酒庄，不会开瓶恐贻笑大方（当然首先被班嘲笑），于是只得拼命练习。我使用的是优雅无声的"侍者之友刀"(Waiter's Friend)，它不只是侍酒师的朋友，也深获酒庄主人班的赞赏，对我这种拥有"莲花手"的人也大有帮助。此为两段式开瓶法，如何握稳瓶身，如何轻巧地将螺旋锥转入软木塞中央，如何将开瓶钳紧套于瓶口上不至于滑掉，如何掌握力道等，都得靠经验累积方能开得一气呵成。班则惯用传统的T字型开瓶器，先把螺旋锥整个没入软木塞里，接着把酒瓶紧紧夹在双腿之间，一手抓住瓶口，另一手用力将螺旋锥往上拔，"啵"一声马上开瓶，就这么简单，我称之为"酒庄主人的豪迈开瓶法"，不过若没有一点臂力可做不到哦。

开瓶器又称为酒刀，从传统的蝴蝶型及螺丝刀开瓶器到现今越来越强调符合人体工学或轻松简易功能的开瓶器，包括侍者之友刀、气压式开瓶器，也有不少酒迷把收藏法国那有蜜蜂标志的 Chateau Laguiole 昂贵酒刀当做嗜好，还有专为手无缚鸡之力的女士量身打造的电动开瓶器，我本人倒没试过，很想买来试试是否真的好用。

另外，德国人发明的 AH-SO（德文之意为"原来如此"）强调为专开老酒的开瓶器，近年来还颇受一些酒迷喜爱。AH-SO 造型像两只长短不一的脚，专

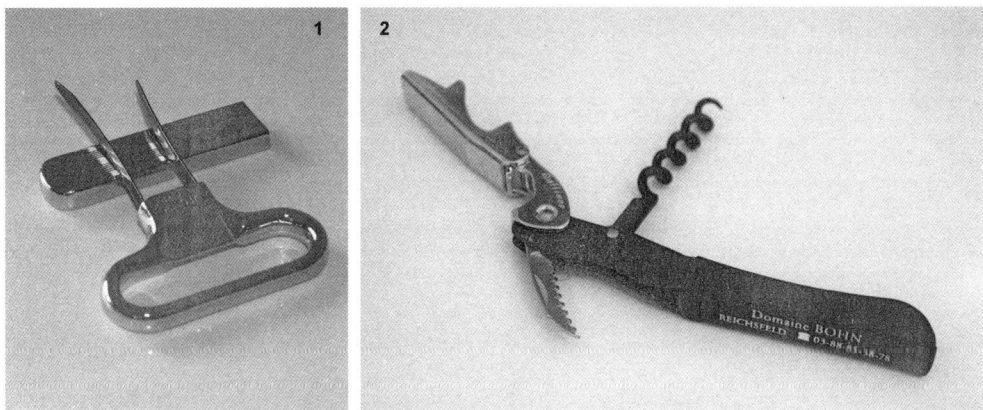

图1有了AH-SO，优雅的开瓶老酒也不成问题。图2侍者之友刀，让开瓶葡萄酒变成一件很轻松的事。

门对付陈年老酒上那些稍硬、易碎或烂巴巴的软木塞，或是软木塞断成两截一截卡在瓶口的情况，只要将长短铁片完全插进软木塞与瓶口的缝隙中，然后不疾不徐地边拔边左右摇晃，同时还要转动瓶身，就这么边拔边摇地把软木塞给拉了出来，不需使劲费力，软木塞还保持完整如初。我曾在朋友家试过一次挺有趣的经验，不过看似轻松简单，实际上还是需要一些技巧跟力道，否则像我搞得满头大汗、手酸背痛、糗态毕出也是一绝。

吐酒桶

众所周知，葡萄酒是高雅品味的象征，开瓶要优雅、酒杯要以"帅呆了"的姿态握着，喝酒时更得举止端庄大方。如此"勿忘影中人"的画面实难和那种"随地吐痰"的景象相连，然而正规品酒场合上需要尝遍百酒，全数饮尽恐酒精中毒，浅尝即止也可能醉倒，于是品酒专家们仅小啜一口，用眼、鼻、口感受后即吐掉，并不会真正喝下肚，所以随处可见绅士、淑女吐酒的画面。

一开始，我跟着大家吐酒总觉得怪怪的，或许因"经验不足"让我手足无措，不知该怎么吐才自然又帅气，而后经过多方观察，发现吐酒时先将嘴撅成吹口哨状，让酒在嘴里快速旋转，接着快、狠、准地直直朝向吐酒桶里吐，酒就会化成一道长长的弧线，如此酒沫也才不会四处飞溅，或残留于嘴唇四周而搞得自己狼狈不堪。班和其他酒庄主人在我家酒窖品尝新酒时，那精湛的吐酒功力令人深感佩服，他们可以边聊天边走动，连头也不低一下即以迅雷不及掩耳的速度"噗"地一声准确无误地将酒吐到地板上或水沟槽中（连吐酒桶都没有），接着继续谈笑，一副无事人的模样，这真是"行家级"演出，难怪听过一种说法是"要知道对方是不是葡萄酒专家，看他吐酒的模样就可窥出端倪了"。

当然，多数人没有酒庄主人那种百发百中的盖世神功，所以一般品酒场合都准备了吐酒桶，吐酒桶可大可小，有未加盖也有加上圆孔盖的，当然也可以拿冰桶或是水桶来代替。反正不管什么桶，记住当需品尝多种酒款时可千万要吐酒啊，别一杯杯地把酒饮尽，否则会让人笑话的！

防滴片

倒酒时最怕酒沿着瓶口滴了下来，尤其是红酒，附着于瓶身上会黏乎乎的，滴落于桌布上时宛若渲染的殷红之血看起来不舒服，若不小心滴在身上更糟。因此，经验老道的餐厅侍者在倒完葡萄酒将酒瓶立直之前，会先转动酒瓶，让酒滴不会顺势流下，抑或拿出餐巾擦拭酒滴。

虽然各种防滴的发明不断问世，但最受欢迎的依然是防滴片，英文管叫 drop stopper 法文则是 anti-goutte，法国人爱喝酒，不过丹麦人却很聪明，发明了这薄薄一片却大有用处的防滴片。它长得就像是小型的 CD 片，不过其铝箔材质轻薄易折，且能立刻恢复原状，神奇的是，因其上面涂有防水油性薄膜，所以只要在瓶口套上防滴片，不论怎么倒，酒一滴也不会渗出，比拿块布随时擦拭或用防滴环要方便、易携带多了。这专利可让这位丹麦仁兄获利不少，由于防滴片可反复使用 50 次以上，上面还可以打广告，让法国许多酒庄都喜欢一次性大量订购，用来送给客人。

玛琳达的包装配件笔记本

注 1　就是爱软木塞

"瞧，那就是做软木塞的橡树！"记得我们去蔚蓝海岸旅游时，沿途班这么对我说。我望着那高大耸立的橡树，树皮被刮得露出了树心，班告诉我，软木塞取自于橡树树皮，为了让被剥掉树皮的橡树可以休养生息、不破坏大自然平衡，要过 9 年后才会再度使用。因此，软木塞一直被视为相当环保的物品，然而软木塞变数多，其他强调不变质材质的取代品逐渐威胁其地位，不过许多有"软木塞"情结的酿酒业者跟酒迷依旧对其不离不弃。当然，情感因素多于实质意义，喜欢它柔软带有弹性的触感，喜欢它沾染的酒香味，喜欢那独一无二的开瓶仪式和"啵"的轻脆声响，更爱它的质感象征，正如你能接受一瓶出自五大酒庄的名酒用的竟然是金属瓶盖吗？那简直就像花腔精湛的歌剧名伶，妆容高雅、华服绚丽，却足蹬一双球鞋那样不搭调。班就预测，不管环境如何转移，未来软木塞依旧会称霸天下。

注 2　酒标艺术化

酒标不只是身份证，也是酒的"脸蛋"，套句老话，内行人会仔细观察酒标上的字字珠玑以窥出端倪，至于初入门或外行者，则先看酒标"靓不靓"。我承认，在一大堆葡萄酒中，那些别出心裁的酒标总是特别能抓住我的目光，尤其新世界或旧世界的德国更是把酒标当做艺术品，尽情挥洒创作，其用色大胆、设计前卫呈现出该产国的特色，总能令人眼前一亮，忍不住好奇地多瞧几眼。另外，有些酒标或以风趣幽默、或以名人照片的方式呈现，有了大明星照片映衬，酒当然身价大涨。

一则希望以强烈风格塑造酒装形象，一则期盼通过亮眼酒标吸引消费者目光进而使其掏钱购买，于是，越来越多的年轻酒庄喜欢玩酒标设计。

然而，法国传统产区许多酒庄的酒标却依旧维持"传统"，就是那种千篇一律绘有一大片葡萄园及宏伟酒庄的素描。至于班则是介于"传统"与"前卫"之间，当然，他父亲那一代传下来的传统酒标在他手上已循序渐进地做了多次更改，直到如今，他还不是很满意。于是，只要有空他就会到卖场或网上搜集一些设计感不错的酒标作为参考，我曾劝他若要改酒标就得放手一搏，置之死地而后生，干脆全部重新设计，找出酒庄的风格来，尽管他举双手、双脚赞成，然而到最后却依旧踌躇不前："我总得顾及我的老客户们哪！他们习惯了我原来的酒标，我之前只稍微做了调整就有不少客户抱怨，如果我现在大幅度改变，那么他们肯定以为我的酒也不同了，会要求退货的！"唉，对于传统老顾客的坚持，班是永远放在第一位的。

注 3 法国葡萄酒等级——AOC

法国品质最高的葡萄酒是法定产区葡萄酒（Appellation d'Origine Contrôlée，简称 AOC）。而 AOC 中间的 origine 会因产区不同而不同，如阿尔萨斯酒没有村酒或日常餐酒之类，只有 AOC 这一百零一种等级，所以大家看到的标示会比较特殊也比较简单，那就是 Appellation Alace Contrôlée。然而，在波尔多、勃艮第等酒区，法定产区则分得更细，不只分省份，甚至还分为产区、酒村或酒庄，通常产区分得越小，代表管控越严格，等级要高些，其标示方式为"Appellation + d'Origine（省份名、产区名、村庄名、城堡或葡萄园名）+ Contrôlée"。比如波雅克村（Pauillac）位于波尔多的梅多克区（Médoc），一瓶标有"Appellation Pauillac contrôlée"的村庄酒就会比标了"Appellation Bodeaux contrôlée"的葡萄酒品管更严谨，因为区域缩小、葡萄产量更少，价格也更高。

而 AOC 中依地区或葡萄园品质不同也分为不同等级，如众所皆知的特级葡萄园（Grand Gru）则是经由 AOC 机构评鉴为最高等级的葡萄园，其生产的酒等级为 Grand Cru Classe，象征"列级酒"。

＊波尔多分级制

波尔多左岸分级制相当复杂，很多入门者一时之间都会搞不清楚，简而言之，其中最重要的为于 1855 年由梅多克区（Médoc）及苏特恩区（Sauternes）共同成立的"列级酒庄制"（Grands Crus Classes en 1855），通常都会写在酒标上，内行人一看便知该酒来自这两处，而列级酒庄又细分为一（法文 Premier Cru、英文 First-growth）、二（法文 Seconde Cru、英文 Second-growth）、三（法文 Troisieme Cru、英文 Third-growth）、四

（法文 Quatrieme Cru、英文 Fourth-growth）、五级（法文 Cinquieme Cru、英文 Fifth-growth）庄园，其中一级庄园就是闻名遐迩的五大酒庄。

不过，列级酒庄制自 1855 年制定后，其中列级的酒庄几乎没有改变过，这让许多未列级酒庄、其他产区或新兴酒庄不服，故后来衍生出多种不同的列级制度，而其中较为人熟知的为 1932 年制定但迟至 2003 年才由官方认定的"中级酒庄制"（Crus Bourgeois，Bourgeois 法文原意为资产阶级者），其中又分为三个等级，包括 Cru Bourgeois（中级酒庄或布尔乔亚酒庄），有些人认为这是最"物超所值"的产品；Cru Bourgeois Superieur（优良中级酒庄），比中级酒庄再高一等级的酒；Cru Exceptionnel（特等中级酒庄），0 最高等级的中级酒庄，目前共有 9 家。

而波尔多右岸的圣爱美侬（Saint-Emilion）区，则是于 1954 年时由酒商专家将 AOC 分为三种等级，包括 Grand Cru、Grand Cru Classic、Premier Grand Cru。

＊勃艮第分级制

勃艮第酒于 AOC 中分为四种等级：特级（Grand Cru）、一级（Premier Cru）、村级（Appellation communale）、地区级（appellation régionale，即 Appellation Bourgogne contrôlée）四种级别。

＊ AOC 级酒之下还可分为三等级

依优劣分别为 VDQS（优良地区葡萄酒）、VIN de PAYS（地区葡萄酒）和 VIN de TABLE（日常餐酒）。

注 4 小心，"那个人"就在你身边

来到法国以后，我常因其公家机关的办事效率抓狂，还记得申请已过数个月，我的居留证却仍以牛步从巴黎慢慢地"爬"着……不过，只要是与 AOC 有关的事，政府敏捷迅速的身手却让我佩服得五体投地！记得有一次，班看完一封信后竟火冒三丈，原来稽查员发现他的葡萄园里有一小部分的葡萄树干没有按照阿尔萨斯 AOC 规定剪绑成一对山羊角状，于是来函请他写信解释并令限时改善，否则将被罚款。虽然事后证实是场误会，不过我才恍然大悟，原来这些稽查员宛若有对隐形的翅膀，来无影、去无踪，看似不存在，却时时"监视"着酒农的一举一动，这些葡萄园都位于荒郊野外，政府却能

了若指掌且反应快速（许多时候是因有"线民"通风报信，所以最好能敦亲睦邻，没事千万不要和别人结怨哪），除此，稽查员三不五时还会抽查酒农酒窖看有没有做偷偷多酿酒等不法之事，而一旦被发现的话，轻则被罚款（罚款可是让"酒农痛，政府快"的名词），重则被取消 AOC 资格或酿酒执照，即使事件过后，酒农也得时时绷紧神经，随时提防有人出现在身边，因为未来两三年内，稽查员总会特别"关照"之。

注 5 法国葡萄酒制造商

在法国，能酿酒和卖酒的单位基本上分为三种：酒农合作社（Cooperative）、酒商（Negociant）及独立酒农。

酒农合作社（Cooperative）是最大型的酿酒和卖酒单位，通常是一家由百家左右小酒农一起入股成立的大型公司，以合作社形态经营。也就是说，合作社收购小酒农的葡萄并酿制成酒，其付费方式是论千克秤重计价，平均 1 千克为 1～2 欧元（人民币 9～18 元），到了年终，若有盈余，合作社还会分红给酒农们。

由于产量大，合作社收购葡萄时较重量不重质，再加上合作社收购的葡萄来自四面八方，品质良莠不齐，所以大多数都采取混和酿制，品质也有待商榷。

酒商（Negociant）和酒农合作社不同的是，虽然他们偶而也会收购葡萄，不过更像大型装瓶中心，即跟酒农买酿好的现成酒，价格则是以升计算，平均 1 升为 1.5～3.2 欧元（人民币 14～29 元），酒商将买来的酒混合装瓶后销售，品质仍是参差不齐。既然合作社与酒商的产量如此大，为何市面上却不常见？原来他们也搞"鱼目混珠"这一套，酒标上标示类似独立酒农的人名，如 Bermard BOHN 之类的，乍看之下还以为是独立酒农生产的酒。

独立酒农即酒庄自行种葡萄、酿酒及销售，不假手他人，由于所有的酒都来自自家葡萄园，保证血统纯正，如今法国就有独立酒农组织（Vignerons Independants），其标志为一个扛着大酒桶的酒农，所谓团结力量大，单打独斗不够力，于是不少酒农加入协会，只需交年费，协会会帮忙宣传营销，同时举办各种酒展及品酒会。一向不爱受拘束的班则未参加，他的理由是："我就只爱种葡萄、酿酒，不爱参加那些无聊的组织、团体，一堆繁文缛节的，太麻烦！"

注6 你也可以当酒庄主人

　　许多人爱葡萄酒，甚至梦想某天能当酒庄主人，想想在海外拥有自己的葡萄园是多么的浪漫？不要以为这是痴心妄想，现在就有人能帮你完成心愿！所谓"有钱能使鬼推磨"，只要有钱，开飞机、上太空都不是问题，何况是拥有小小的葡萄园？瑞士、法国都有酒庄推出葡萄园分批出租、认养计划，时间为 1～10 年，价格为 1200～6000 元。酒庄不但会给你一张葡萄园业主证明书，葡萄园上还会挂有"认养者"名字的牌子，认养期间不只可以上网查看你的宝贝葡萄园现况如何，是否有受到悉心呵护，甚至还可以千里迢迢飞奔到葡萄园亲手抚摸之，同时学习当个酒农照顾葡萄园或在采收期间亲手剪葡萄，当葡萄采收酿成酒后，酒庄达会赠送一瓶标有你名字（或任何你想要标上的名字）的酒，送礼、自用两相宜，这绝对是世间仅有、独一无二的葡萄酒！相关网址 www.mesvignes.com、www.vinsdemorges.ch

注7 阿尔萨斯酒杯

　　站在一堆形形色色酒杯之中，传统阿尔萨斯酒杯就显得特别抢眼，只因它那条优雅修长的"绿"腿（这似乎跟阿尔萨斯酒瓶、鹳鸟、男人特性一致，都是腿长）支撑着一个浅盘状的小酒身。不过，碗般大的开口却容易让香气流失，因此出现了改良款的新式阿尔萨斯酒杯，少了绿腿，杯口向内缩，更具流线前卫感，已逐渐取代传统酒杯，不过我很纳闷为何许多阿尔萨斯餐厅和店家依旧使用传统酒杯，"那是给观光客用的。"班这样说。

注8 酒杯和醒酒瓶如何清洗？

　　在我们家，打破酒杯可以说是家常便饭，而那辣手摧花之人正是敝人，还记得初当"洗杯妇"时，因不懂得如何使手劲，往往洗着洗着或擦着擦着，"咔嚓"一声，酒杯竟就这么破了，尤其细长脆弱的杯脚更常常断成两截。后来，因跟着班南征北讨地参加过多次酒展（我们会提供客人小型玻璃酒杯，而非纸杯或塑料杯，往往一天下来，扣除偶被不肖之徒摸走的，所带来的 20 多个酒杯当然不够用，因此得不断地洗杯子），清洗酒杯竟成了我的专长。许多酒杯强调经过白金玻璃技术处理，坚固耐用，因此若在家中，我会将酒杯放入洗碗机中清洗，洗净之后倒也是亮晶晶的，不过若出门在外，就得用手洗了，基本上不需用清洁剂，只要准备两桶水，先将酒杯放入热水桶里浸泡，最好加上一两匙白醋或滴上几滴柠檬汁，以帮助去除污渍、油渍及杂质，接着再换到冷水桶里洗干净，之后拿出来抖干水分，先将其倒立静置一会儿，滴干水分后用大块干布擦拭。可拿不织布、没有棉絮的抹布或旧 T 恤来擦，讲究一点，拿擦电脑屏幕或相机镜头的擦屏布，再高调一点，还可以买酒杯专用高纤维布，不过布的尺寸一定要大，大到可以从头到脚包覆起整个酒杯并可以伸进杯身里，而擦拭时也得小心翼翼，最好一手握住杯座并顺时针缓慢旋转，另一手则拿着布轻轻擦拭杯身内外，转几圈后，酒杯保证闪闪动人！

至于醒酒瓶，由于体积更大、瓶底更深，无法将手指伸进去洗净擦拭，一般可先用漂白水清除瓶中的红酒色素，之后同样可以浸泡于热水中，来回冲洗三四次即可。让醒酒瓶干燥，除用擦拭布擦干能力范围所及之处外，建议放些干燥剂于瓶中，以清除水汽，使其干燥。

注 9 是 Decanter 还是 Carafe？

对于醒酒瓶的名称及功能，至今仍有不少歧义，首先且容我来正名一下。中文称为"醒酒瓶"，顾名思义，是让沉睡之酒得以苏醒，借由把酒倒入此瓶中，一来可通过换瓶去除酒中沉淀物，二来可让酒接触空气得以"呼吸"进行氧化过程。

众所皆知，我们所说的"醒酒瓶"，英文为 Decanter，源自于法文 Décanté，意思为"转换"，故 Decanter 真正的翻译应该为"换瓶器"，主要功用是去除酒中沉淀物，故加了瓶塞或防滴器（stopper）。而我们所认知用来让酒接触空气、以此让酒呼吸苏醒的瓶子，正式名称应该称为玻璃水瓶（Carafe），两者的名称、功能都不同，在昔日，Decante 和 Carafe 各有各的使用时机，只不过因酿酒技术逐渐发达，酒中沉淀物变少，换瓶去杂质的实质意义并不大，单纯为了换瓶而换瓶的机会越来越少见，到了后来，反倒成了两者合而为一的醒酒瓶，Carafe 也阴错阳差变成了 Decanter。

葡萄园对话

玛琳达　班　素玉

班

玛琳达

素玉

玛琳达："要怎么辨识酒是否已经变质？"

班："最直接、简单的方法就是喝！若酒已严重变质，那么酒会带有氧化或腐蛋味道，一般人都不难察觉出来，不过若能在浅尝前即知，则需有'眼观四面、鼻闻八方'的功夫才行。首先，在未开瓶时，先看封口的锡箔纸盖是否完好，若有黏液或渗水造成破损，则代表储存葡萄酒的控温出现差错。另外，观察锡箔纸及软木塞是否膨胀凸起，若有则表示酒瓶可能遭受高温破坏。酒在瓶内继续发酵，而酒色若异于寻常，如原该红色的红酒变成橙橘色的话，小心可能出现问题了。若软木塞或酒外观不见有异，但闻起来却有'怪味'（有时味道淡到仅嗅觉灵敏的专家或天才方能闻出），代表酒有轻微变质、氧化，所以专业的餐厅侍酒师开瓶后都会先闻一下软木塞以确认酒的品质。"

- -

玛琳达："我注意到许多葡萄酒瓶底都有凹洞，为什么？"

班："其实没有什么特殊的原因，有可能是担心酒中难免会有沉淀物，当酒直立时，凹洞可以让沉淀物堆积于下方，便于换瓶去除杂质。然而，现今去除杂质的技术已相当发达,酒中沉淀物并不多见,而如酒石类结晶物也对身体无害,并不需要刻意换瓶。如今的酒瓶底仍有凹洞,我想应是遵循传统(或可以说是为了造型,还有不少人误认为有凹洞的酒代表是品质好的酒)大于实质意义吧!你注意到了吗? 阿尔萨斯酒瓶就没有凹洞。"

素玉:"酒在陈放时一定要横着放,为什么? 有何特殊作用吗?"

班:"这跟软木塞息息相关,因为如果直立放,软木塞与酒液之间就会有空隙,长久下来,软木塞会因没有酒液浸润而干燥萎缩,瓶口就会出现肉眼看不到的缝隙,让空气进入瓶中,使酒变质、腐坏;反之,横放可以让酒液浸润软木塞,保持软木塞的饱和度(许多陈年红酒的软木塞,因经年累月被浸润,上端会染上红色)。"

素玉:"为何多数香槟和气泡酒都不标示年份?"

班:"对于静态葡萄酒来说,年份是重要指标,不过对于气泡酒来说,除了年份酒(Millésimé)之外,不会特别标示年份,因为为了让葡萄酒品质每年稳定不变,酒迷喝到的香槟或气泡酒都没有什么差别。基本上,酒农们会混和近两三年的年份酒来酿制,仅有在特殊的佳酿年份拿来混酿的话未免可惜,于是酒农会单独酿制成年份酒,故会特别标示年份,而年份酒在瓶内熟成时间至少需要 5 年,且非年年可有,价格自然比一般非年份香槟或气泡酒来得高。另外,想要解读香槟及气泡酒的酒标,还得认识一些专用字眼,如最常见的 BRUT(极干的),代表每升含 0 ~ 15 克糖分。"

玛琳达:"香槟或气泡酒上若标示有 Magnum,代表为 1500 毫升的巨瓶,比一般容量足足大两倍,最常见于 F1 或其他运动颁奖典礼时拿来喷洒庆祝用,在法国,许多民众也喜欢于跨年之夜买上一瓶 Magnum 庆祝、狂欢。"

素玉："酒杯握法也是一门学问，从握酒杯姿势也可以看出对方懂不懂酒？"

班："的确，持酒杯方式为葡萄酒入门的基本功夫，一般说来，和喝茶或咖啡不同，手握杯身为大忌，因为手温会通过杯身来导热，进而影响酒温及葡萄酒品质，正确方式为手握杯脚底处，这也是为何酒杯的杯脚都很细长，就是预留空间给手握杯之用。"

玛琳达："当然你也可以耍帅，学学专家，以大拇指在上、食指在下的方式握住杯座，然后轻摇酒杯，看起来是不是变得更'专业'了！"

素玉："我们一般都认为红酒因单宁艰涩需要醒而使其柔化，白酒则因为单宁成分较少，要喝它的新鲜及清新果香，适合开瓶即饮用，是真的白酒就不需要醒吗？"

班："你问到了重点！对多数白酒来说或许不需要醒，不过像是酸味高的雷司令和酒体较闭锁的格乌兹莱尼来说，醒过的酒，口感比较顺，香气也都绽放出来了！"

玛琳达："我听说，有些酒农会因白酒较不经陈放而添加较多的二氧化硫，以期保存较久。陈放一阵时间的白酒，开瓶后难免会有二氧化硫味，故更需要换瓶来消除异味，是这样吗？"

班："这对于其他地区白酒或许是，不过阿尔萨斯白酒因酸度较高而较易保存，加上不做瓶内第二次发酵，也就是把酒中较粗糙的苹果酸（Malic Acid）转化为柔和的乳酸（Lactic Acid）和二氧化碳，因此几乎不会有什么怪味，不需要特地换瓶。"

图书在版编目（CIP）数据

跟着酒庄主人品酒趣 / 玛琳达，黄素玉著 . —沈阳：辽宁科学技术出版社，2011.12
ISBN　978-7-5381-7189-1

Ⅰ . ①跟… 　Ⅱ . ①玛… 　②黄… 　Ⅲ . ①葡萄酒—普及读物 　Ⅳ . ① TS262.6-49

中国版本图书馆 CIP 数据核字（2011）第 213603 号

出版发行：辽宁科学技术出版社
　　　　　（地址：沈阳市和平区十一纬路 29 号　　　邮编：110003）
印 刷 者：北京威远印刷厂
经 销 者：各地新华书店
幅面尺寸：168mm×230mm
印　　张：13.5
字　　数：220 千字
出版时间：2011 年 12 月第 1 版
印刷时间：2011 年 12 月第 1 次印刷
策　　划：盛益文化　牟伟华
责任编辑：盛　益
封面设计：百朗文化
版式设计：百朗文化
责任校对：合　力

书　　号：ISBN 978-7-5381-7189-1
定　　价：38.00 元

联系电话：024-23284376
邮购咨询电话：024-23284502
E-mail：lnkjc@126.com
http://www.lnkj.com.cn
本书网址：www.lnkj.cn/uri.sh/7189